U0312616

国防科技图书出版基金

人机界面设计与评价

Human System Interface Design and Evaluation

颜声远　许彧青　王敏伟　陈玉　著

国防工业出版社

·北京·

内 容 简 介

本书简要回顾了人机界面设计与评价的发展历史,论述了人机界面设计与评价在人机交互中的重要性。以工效学标准为基础,讲述了基于数字化技术的人机界面设计与评价及其应用。主要内容包括显示器和操纵器设计;人机界面布局优化;人机界面评价指标;数字化人体模型开发和应用;舰船驾驶室视域和盲区评价;舰船驾驶室布置设计仿真评价。

本书适合于从事人机界面设计与评价的科研人员和大专院校学生使用。

图书在版编目(CIP)数据

人机界面设计与评价 / 颜声远等著. —北京:国防工业出版社,2013.7

ISBN 978 – 7 – 118 – 08695 – 9

Ⅰ. ①人... Ⅱ. ①颜... Ⅲ. ①人机界面 – 系统设计 Ⅳ. ①TB11

中国版本图书馆 CIP 数据核字(2013)第 132130 号

※

*国防工业出版社*出版发行

(北京市海淀区紫竹院南路 23 号　邮政编码 100048)
国防工业出版社印刷厂印刷
新华书店经售

*

开本 880 × 1230　1/32　印张 6¼　字数 147 千字
2013 年 7 月第 1 版第 1 次印刷　印数 1—3000 册　定价 50.00 元

(本书如有印装错误,我社负责调换)

国防书店:(010)88540777　　　发行邮购:(010)88540776
发行传真:(010)88540755　　　发行业务:(010)88540717

致 读 者

本书由国防科技图书出版基金资助出版。

国防科技图书出版工作是国防科技事业的一个重要方面。优秀的国防科技图书既是国防科技成果的一部分,又是国防科技水平的重要标志。为了促进国防科技和武器装备建设事业的发展,加强社会主义物质文明和精神文明建设,培养优秀科技人才,确保国防科技优秀图书的出版,原国防科工委于1988年初决定每年拨出专款,设立国防科技图书出版基金,成立评审委员会,扶持、审定出版国防科技优秀图书。

国防科技图书出版基金资助的对象是:

1. 在国防科学技术领域中,学术水平高,内容有创见,在学科上居领先地位的基础科学理论图书;在工程技术理论方面有突破的应用科学专著。

2. 学术思想新颖,内容具体、实用,对国防科技和武器装备发展具有较大推动作用的专著;密切结合国防现代化和武器装备现代化需要的高新技术内容的专著。

3. 有重要发展前景和有重大开拓使用价值,密切结合国防现代化和武器装备现代化需要的新工艺、新材料内容的专著。

4. 填补目前我国科技领域空白并具有军事应用前景的薄弱学科和边缘学科的科技图书。

国防科技图书出版基金评审委员会在总装备部的领导下开展工作,负责掌握出版基金的使用方向,评审受理的图书选题,决定资助的图书选题和资助金额,以及决定中断或取消资助等。

经评审给予资助的图书，由总装备部国防工业出版社列选出版。

国防科技事业已经取得了举世瞩目的成就。国防科技图书承担着记载和弘扬这些成就，积累和传播科技知识的使命。在改革开放的新形势下，原国防科工委率先设立出版基金，扶持出版科技图书，这是一项具有深远意义的创举。此举势必促使国防科技图书的出版随着国防科技事业的发展更加兴旺。

设立出版基金是一件新生事物，是对出版工作的一项改革。因而，评审工作需要不断地摸索、认真地总结和及时地改进，这样，才能使有限的基金发挥出巨大的效能。评审工作更需要国防科技和武器装备建设战线广大科技工作者、专家、教授，以及社会各界朋友的热情支持。

让我们携起手来，为祖国昌盛、科技腾飞、出版繁荣而共同奋斗！

国防科技图书出版基金

评审委员会

国防科技图书出版基金
第六届评审委员会组成人员

前　言

人机界面指人机器界面(Human Machine Interface)和人计算机界面(Human Computer Interface),一般统称为人系统界面(Human System Interface)。人机界面是人与机进行信息和能量交互的媒介,对提高人机系统交互的效率和安全具有重要影响。人机界面的设计应遵循工效学标准,然而由于工效学标准中涉及的参数种类和原则众多,工程应用中常常顾此失彼。因此,在工程应用前进行工效学评价成为不可忽视的重要环节。

随着航空航天、航海和大型能源业对控制系统功能要求的不断提高,人机界面的复杂程度也迅速提高,由人机界面设计不良而引发的事故比例也呈现快速递增的趋势。凭借设计人员的经验或简单对照人类工效学标准,难以全面、合理和准确地对上述复杂系统人机界面进行工效学设计与评价。基于数字化技术的人机界面设计与评价可以在方案设计阶段提前发现和解决工效学设计缺陷,可缩短研发周期,节省研发费用。

本书是结合作者近年科研工作著作而成的。内容包括基础研究和有代表性的工程应用案例,主要有:数字化人体模型开发及应用;人机界面布局优化及应用;舰船驾驶室视域和盲区评价;舰船驾驶室布置设计仿真评价。

全书分 8 章,依次为:人机界面设计与评价概述;人机界面显示器设计;人机界面操纵器设计;人机界面布局优化及应用;人机界面设计与评价指标;数字化人体模型开发及应用;舰船驾驶室视域和盲区评价;舰船驾驶室布置设计仿真评价。本书着重于工效学标准的阐述及其在设计中的应用,强调基于数字化技术的人机系统设计与评价。

本书第 1、6、7、8 章由颜声远撰写,第 4、5 章由许彧青撰写,第 3 章由王敏伟撰写,第 2 章由陈玉撰写。

本书适合于从事人机界面设计与评价研究及应用的科研人员、大专院校学生及与之相关的工程技术人员使用。

在本书撰写过程中,作者引用和参考了国内外专家和学者的诸多精辟论述、研究成果和理论。在此,谨向这些学者致以诚挚的谢意!

受作者知识水平和所在领域的限制,本书难免存在一些缺点和不足,敬请广大读者批评指正。

作 者

2012 年 12 月

目　录

第1章　人机界面设计与评价概述 ················· 1

1.1　人机界面设计与评价的发展 ············· 1

1.1.1　基于经验的人机界面设计与评价 ········· 2

1.1.2　基于科学实验的人机界面设计与评价 ····· 4

1.1.3　基于计算机技术的人机界面设计与评价 ··· 6

1.2　人机界面设计与评价的方法 ············· 11

1.2.1　设计与评价方法概述 ··············· 11

1.2.2　设计与评价方法演变 ··············· 15

第2章　人机界面显示器设计 ················· 17

2.1　显示器分类及设计原则 ··············· 17

2.1.1　显示器分类 ··················· 17

2.1.2　显示器设计原则 ················· 20

2.2　显示设备设计 ···················· 22

2.2.1　视觉显示器设计 ················· 22

2.2.2　听觉显示器设计 ················· 27

2.2.3　触觉显示器设计 ················· 28

2.3　软显示器设计 ···················· 29

2.3.1　软显示器设计原则 ··············· 29

2.3.2　显示页面布局与显示元素设计 ········· 32

2.3.3　软显示器显示方式设计 ············· 38

第3章　人机界面操纵器设计 ················· 49

3.1　操纵器分类及基本设计原则 ············· 49
3.1.1　操纵器分类 ····················· 49
3.1.2　操纵器基本设计原则 ············· 51
3.2　硬操纵器设计 ······················· 52
3.2.1　计算机输入设备 ················· 52
3.2.2　常规操纵设备 ··················· 59
3.3　软操纵器设计 ······················· 63
3.3.1　软操纵器基本设计原则 ··········· 63
3.3.2　软操纵器设计 ··················· 67

第4章　人机界面布局优化及应用 ············· 80

4.1　布局设计原则的建模及构建目标函数 ······· 80
4.1.1　建立元件布局设计原则的数学模型 ··· 81
4.1.2　布局目标函数的构建 ············· 86
4.2　基于粒子群算法的布局优化 ············· 87
4.2.1　惯性权重策略的选取 ············· 87
4.2.2　学习因子的选取 ················· 90
4.2.3　元件位置的设置 ················· 91
4.2.4　粒子速度的设置 ················· 93
4.2.5　其他主要计算参数的优化 ········· 94
4.3　布局设计实例 ······················· 97
4.3.1　布局问题描述 ··················· 97
4.3.2　目标函数相关参数的设置 ········· 98
4.3.3　布局优化计算结果及分析 ········· 102

第5章　人机界面设计与评价指标 ············· 106

5.1　人机界面设计与评价的要求 ············· 106

　　　5.1.1　人机界面设计要求 ･･････････････ 106

　　　5.1.2　人机界面评价要求 ･･････････････ 114

　　5.2　人机界面设计与评价指标的确定 ･･････ 115

　　　5.2.1　设计与评价指标的分类 ･･･････････ 115

　　　5.2.2　设计与评价指标的确定 ･･････････ 116

　　5.3　人机界面评价的算法 ･････････････････ 118

　　　5.3.1　几何参数类指标评价算法 ･･･････ 118

　　　5.3.2　指导原则类指标评价算法 ･･･････ 123

第6章　数字化人体模型开发及应用 ･･････････ 125

　　6.1　人体模型开发技术方案 ･････････････ 125

　　　6.1.1　开发平台 ･･･････････････････････ 125

　　　6.1.2　开发方法 ･･････････････････････ 127

　　6.2　人体模型构造 ･････････････････････ 128

　　　6.2.1　人体模型的构造方法 ･･･････････ 128

　　　6.2.2　人体模型尺寸数据库选择 ･･･････ 131

　　　6.2.3　人体模型肢体尺寸 ･･･････････････ 132

　　　6.2.4　任意百分位数人体模型尺寸计算 ･･･ 132

　　6.3　人体模型调用与姿态调节 ･･･････････ 133

　　　6.3.1　人体模型调用与参数设置 ･･･････ 133

　　　6.3.2　人体模型姿态调节 ･･･････････････ 135

　　　6.3.3　人体模型舒适性评价 ･･･････････ 137

第7章　舰船驾驶室视域和盲区评价 ･･･････････ 144

　　7.1　驾驶室视域和盲区的评价方法 ･･･････ 144

　　　7.1.1　驾驶室视域和盲区评价指标 ･･････ 144

　　　7.1.2　驾驶室视域和盲区评价流程 ･･････ 144

　　7.2　驾驶室视域和盲区评价软件开发 ･･････ 145

   7.2.1 开发环境和流程 ·············· 146

   7.2.2 软件模块结构和对话框 ·········· 146

  7.3 驾驶室视域和盲区评价案例·············· 149

   7.3.1 人体模型的尺寸和位置的选择 ········ 149

   7.3.2 驾驶室视域和盲区评价 ·········· 150

第8章 舰船驾驶室布置设计仿真评价·········· 162

  8.1 仿真评价技术方法 ················ 162

   8.1.1 仿真评价软件环境 ············ 162

   8.1.2 仿真评价技术方案 ············ 162

  8.2 船员人体模型建模 ················ 164

   8.2.1 人体模型参数计算 ············ 164

   8.2.2 创建船员人体模型 ············ 168

  8.3 船员运动仿真与作业空间评价 ·········· 168

   8.3.1 船员运动仿真流程 ············ 168

   8.3.2 船员作业空间评价 ············ 170

   8.3.3 船员触及域和视域评价 ·········· 171

  8.4 船员运动参数计算与驾驶室布置评价·········· 172

   8.4.1 船员运动轨迹追踪 ············ 172

   8.4.2 船员运动参数计算 ············ 172

   8.4.3 驾驶室布置评价 ············· 174

参考文献 ·························· 177

Contents

Chapter 1   Overview of HSI Design and Evaluation ········ 1

1. 1   Development of HSI Design and Evaluation ········ 1

    1. 1. 1   Experience Based HSI Design
and Evaluation ····························· 2

    1. 1. 2   Scientific Experiment Based HSI
Design and Evaluation ····················· 4

    1. 1. 3   Computer Technology Based HSI
Design and Evaluation ···················· 6

1. 2   Methods of HSI Design and Evaluation ············ 11

    1. 2. 1   Overview of Design and
Evaluation Method ························ 11

    1. 2. 2   Evolution of Design and
Evaluation Method ························ 15

Chapter 2   Display Design of HSI ························· 17

2. 1   Display Types and Design Principle ············· 17

    2. 1. 1   Types of Display ························ 17

    2. 1. 2   Design Principle ························ 20

2. 2   Design of Display Device ····················· 22

    2. 2. 1   Design of Visual Display ················ 22

    2. 2. 2   Design of Hearing Display ··············· 27

    2. 2. 3   Design of Touch Display ··············· 28

2. 3   Design of Soft Display ······················· 29

2. 3. 1　Design Principle of Soft Display　········ 29

2. 3. 2　Layout of Display Page and Design
of Display Elements　························ 32

2. 3. 3　Design of Display Format of Soft
Display　······································· 38

Chapter 3　Control Design of HSI　······························ 49

3. 1　Control Types and Design Principle　··············· 49

3. 1. 1　Types of Control　························· 49

3. 1. 2　General Design Principle of Control　······ 51

3. 2　Design of Hard Control　····························· 52

3. 2. 1　Input Device of Computer　················ 52

3. 2. 2　Traditional Control Device　··············· 59

3. 3　Design of Soft Control　····························· 63

3. 2. 1　General Design Principle
of Soft Control　····························· 63

3. 2. 2　Design of Soft Control　····················· 67

Chapter 4　HSI Layout Optimization and application　······ 80

4. 1　Layout Disciplines Based Modeling
and Construction Target function　···················· 80

4. 1. 1　Construction of Mathematical
Model Based on Component
Layout Disciplines　························ 81

4. 1. 2　Construction of Layout
Target Functions　························· 86

4. 2　Particle Swarm Algorithm
Based Layout Optimization　························ 87

4. 2. 1　Selection of Inertia Weight Strategy　······ 87

4. 2. 2　Selection of Learning Factors　············ 90

4. 2. 3　Settings of Component Position　··········· 91

4. 2. 4　Settings of Particle Speed ················ 93
4. 2. 5　Optimization of Other Primary
　　　　Calculation Parameters ···················· 94
4. 3　Example of Layout design ·························· 97
4. 3. 1　Description of Layout Problem ············ 97
4. 3. 2　Settings of Relative Target
　　　　Functions Parameters ····················· 98
4. 3. 3　Calculation Result and Analysis
　　　　of Layout Optimization ·················· 102

Chapter 5　Design and Evaluation Indexe of HSI ········· 106

5. 1　Design and Evaluation Requirements of HSI ··· 106
5. 1. 1　Design Requirements of HSI ············· 106
5. 1. 2　Evaluation Requirements of HSI ········· 114
5. 2　Establishment of Design and Evaluation
　　Index of HSI ···································· 115
5. 2. 1　Types of Design and Evaluation Indexe ··· 115
5. 2. 2　Establishment of Design and
　　　　Evaluation Indexe ····················· 116
5. 3　Evaluation Algorithm of HIS ···················· 118
5. 3. 1　Evaluation Index Algorithm
　　　　of Geometric Parameters ················· 118
5. 3. 2　Evaluation Index Algorithm
　　　　of Guiding Principles ···················· 123

**Chapter 6　Development and Application of
　　　　　　Digital Human Model** ···················· 125

6. 1　Technical Scheme of Human Model
　　Development ····································· 125
6. 1. 1　Development Platform ···················· 125
6. 1. 2　Development Method ····················· 127

6. 2　Construction of Human Model ················∿··· 128

    6. 2. 1　Construction Method of Human Model ······ 128

    6. 2. 2　Selection of Human Model Size

           Database ································ 131

    6. 2. 3　Segment Size of Human Model ········· 132

    6. 2. 4　Calculation of Human Model

           for Discretional Percentile ··············· 132

6. 3　Loading and Postural Adjustment

    of Human Model ······························· 133

    6. 3. 1　Loading and Setting of Parameters

           for Human Model ······················· 133

    6. 3. 2　Postural Adjustment of Human Model ······ 135

    6. 3. 3　Comfort Evaluation of Human Model ······ 137

Chapter 7　Evaluation of Visual Field and Blind

Area in Wheelhouse ························· 144

7. 1　Evaluation Method of Visual Field and

    Blind Area in Wheelhouse ···················· 144

    7. 1. 1　Evaluation Index of Visual

           Field and Blind Area in

           Wheelhouse ··························· 144

    7. 1. 2　Evaluation Process of Visual

           Field and Blind Area in

           Wheelhouse ··························· 144

7. 2　Evaluation Software Development for Visual

    Field and Blind Area in Wheelhouse ··········· 145

    7. 2. 1　Development Platform and Process ······ 146

    7. 2. 2　Software Modular Structure and

           Dialog box ··························· 146

7. 3　Examples of Evaluation of Visual Field and

    Blind Area in Wheelhouse ···················· 149

7.3.1　Selection of Human Model
　　　　Size and Position ·························· 149
7.3.2　Evaluation of Visual Field and
　　　　Blind Area in Wheelhouse ··············· 150

Chapter 8　Simulation Evaluation of Wheelhouse Layout ··· 162

8.1　Technical Method of Simulation Evaluation ······· 162
　8.1.1　Software Platform of Simulation
　　　　　Evaluation ···························· 162
　8.1.2　Technical Scheme of Simulation
　　　　　Evaluation ···························· 162
8.2　Modeling of Sailor Body Model ··················· 164
　8.2.1　Defining Human Model Parameters ······ 164
　8.2.2　Creating Model of Sailor Body ··········· 168
8.3　Sailor Movement Simulation and Evaluation
　　of Working Space ··························· 168
　8.3.1　Process of Sailor Movement Simulation ··· 168
　8.3.2　Evaluation of Sailor Working Space ··· 170
　8.3.3　Evaluation of Sailor Visual Field
　　　　　and Reach Field ························ 171
8.4　Parameter Calculation of Sailor Movement
　　and Layout Evaluation in Wheelhouse ··········· 172
　8.4.1　Movement Path Tracking of Sailor ······ 172
　8.4.2　Movement Parameter Calculation
　　　　　of Sailor ···························· 172
　8.4.3　Layout Scheme Evaluation of
　　　　　Wheelhouse ························· 174
References ··· 177

第1章　人机界面设计与评价概述

人机界面(Human Machine Interface,Human Computer Interface)是人与机器之间进行交互的媒介。人机界面中的"机"是指人所控制的一切对象的总称。英国学者 Edwards 提出的 SHEL 模型对人机界面的研究范围做了全面概括。该模型的命名由软件(Software)、硬件(Hardware)、环境(Environment)和人(Liveware)四个英文单词的第一个字母组成。SHEL 模型所概括的是广义人机界面,狭义人机界面主要研究人–硬件、人–软件两个界面有关的问题。

人机界面设计和人机界面评价所依据的准则都是人类工效学标准。人机界面设计的目的是提高人机界面的可用性;人机界面评价的目的则是描述人机界面的可用程度。

1.1　人机界面设计与评价的发展

从石器时代开始,人机界面的设计与评价就不断改善着人与机的匹配关系,使人机系统的效率、安全和舒适性逐步提高。事实上,通观整个历史记载,都存在着设计者通过不同的手段去设计和评价他们的设计,使其在形式、功能和舒适性上适合使用者。根据人机界面设计与评价采用的手段特点,将其划分为的以下几个发展阶段。

1.1.1　基于经验的人机界面设计与评价

在石器时代,石刀、石斧和石镰等是原始人类的主要工具和武器。原始人类最早使用的是打制石器,其刃部不规则,仅有少量的使用功能。通过在使用中经验的积累,到了新石器时代,人们开始将打制的石器刃部和表面磨光,设计了刃部规则、功能较强、使用较为便利的磨制石器。后来人们又把磨制的石器固定在木柄上,方便了手的持握,同时也增加了打击的距离和力量。

战国时期的《考工记》总结了人们的使用经验,提出各种兵器握柄的形状应根据其用途来设计。用来刺杀的兵器,如枪和矛,其手柄的截面应是圆形的,这样在刺杀过程中就不会因为手柄在某一方向扁薄而挠曲;用来劈杀、钩杀的武器,如大刀和戟,由于使用时具有一定的方向性,所以手柄的截面就应做成椭圆形,这样在使用中才不易转动,而且士兵能通过手柄的形状感知刀刃和钩头的方向。

16 世纪—17 世纪的欧洲也根据使用经验设计了适合不同用途的剑。例如:单手持握,用于突刺的"骑士剑";双手持握,用于砍劈的"斩剑";可单手或双手持握,用于斩和刺的"大剑"。此外,很多设计还从结构上考虑了对人手部的防护。例如,具有扇形面护手的左手短剑、双层护手的德国双手剑和球笼形护手的苏格兰笼手剑等。

狩猎活动和战争中的开弓放箭需要较大的臂力,且准确性和放箭效率都较低。为提高弓箭的准确性和放箭效率,三国时期研制出了"诸葛弩"。"诸葛弩"采用了杠杆原理拉弓,并采用自锁装置保持开弓的状态,放箭时手臂仅施加持弩的力量,改善了发射时的手臂施力状态,射击的精度得到了提高。在效率方面,"诸葛弩"可以连续发射10支箭矢,使用时只需要将箭矢放入箭槽,然后进行推拉动作即可完成连续发射。

在评价方面,据欧洲中世纪编年史记载,13世纪的设计人员已经通过观察箭矢打到靶上的形态和测量弓箭手到目标的距离对弓箭的设计进行评价。并且通过测量弓箭手的平均身高、手臂的伸展距离和拉弓的力量,确定弓箭最佳长度和弧度,使其在形式、功能和舒适性上适合使用者。明朝的宋应星所著的《天工开物》中的"试定弓力"图对开弓所需的力量进行了测量,以使其适合于人的臂力,其测量方式见图1-1。这些设计评价涉及到人体尺寸和力量的测量,而测量结果则被作为弓箭设计的依据。

图1-1 测量开弓所需的力

在火药发明之后,围绕提高枪械的击发效率、环境适应性和使用的安全性,人们开展了基于经验的热兵器人机界面设计与评价的研究。14世纪中叶,意大利的火门枪在枪管上有一个小孔,即火门,点火时将一块烧红的炭或铁插进枪管上的火门,引燃枪管内的火药,实现击发。火门枪击发时一般需要两个人同时操作,分别负责瞄准和点火,效率低。公元15世纪,欧洲的火绳枪将火绳与扳机相连,点燃火绳,扣下板机,火绳便会降到火药池,点燃火药,实现击发。火绳枪击发时由一人操作,效率较高。但是火绳枪不能在大风天和雨天使用,燃烧的火绳和击发时产生的耀眼火光都对枪手具有一定的危险。公元 16 世纪出现了采用弹簧点火装置的燧发枪。燧发枪枪管侧面有一击铁,击铁夹着燧石,当扣动扳机时,燧石撞击扣簧钢片产生火花,引燃火药池中的火药实现击发。在击发位置,扣簧会盖住火药池,当燧石撞击扣簧时,它会弹起来,露出火药池。与火绳枪相比,燧发枪采用燧石代替火绳,点火装置安全可靠。采用扣簧,火药池只在击发瞬间开启,提高了火枪的环境适应性。

火绳枪和燧发枪均为前装枪,前装枪采用散弹和枪管前端装弹的方式,由装弹到击发的程序繁琐,即使是训练有素的射手每 3 min 也只能击发两次。雅各布·德·盖耶出版的一卷图示《武器练习》中则将火绳枪的使用分为 25 个步骤,由此可见其复杂程度。由于前装枪的射程短、装填慢,为形成连续的火力,战斗中只能采用将士兵排成几行,轮番进行射击和装弹的作战方式。

19 世纪中叶,毛瑟枪的发明改变了这一现状。毛瑟枪采用金属壳定装式枪弹,士兵操纵枪机,就可实现开锁、退壳、装弹和闭锁全过程,实现了弹药从前装到后装的飞跃。毛瑟枪的发明,使枪械的击发效率、环境适应性和安全性大幅提高。

1.1.2 基于科学实验的人机界面设计与评价

基于经验的人机界面设计与评价适合于定性分析,而定量分析则需要借助实验手段。1898 年,弗雷德里克·温斯洛·泰勒(F. W. Taylor)在伯利恒钢铁工厂(Bethlehem Steel Plant)进行了搬运生铁块实验,该实验被认为是现代工效学研究的起点。泰勒在实验中应用了正规的数据收集和统计分析方法,发现通过适当的甄选和培训、调整工作与休息周期,可以大大增加工人的工作产出,该方法被称为泰勒制(Taylorism)。而后,吉尔布雷斯夫妇(Frank and Lilian Gilbreth)通过分析规划砌砖工的站立位置、墙的位置、灰浆箱和砖堆等的位置,研究砌砖工在所有标准情况下砌砖的动作,剔除无效动作,使砌砖的速度由每小时120块提高到每小时350块。吉尔布雷斯夫妇还通过改变外科手术的程序,即外科医生报出所需器材名称,由护士寻找器材并以合适的方式放到他手中,节省了主刀医生寻找和拾取手术器械的时间,从而大大提高了外科手术的效率。这项研究为后来的时间与动作研究(Time and Motion Study)方法奠定了基础。

1900年前后,Simon Lake 在潜艇中进行了晕船和狭小空间对人的心理影响和生理影响的实验评价。这项评价将人视为制约潜艇性能的变量,但没有将人视为改善人机系统安全、效率和效益的一种因素。20世纪初期,美、英等国开展了对坦克、高速战机和军舰等新式重型机械化武器装备人机界面的评价。设计人员依靠飞行员的描述去评价飞机在战斗中的性能,并以此为依据对飞机进行改进。在这项研究中,飞行员只是作为实验评价中的必要条件,飞行员的能力限度也未被列为评价内容。

1935年得克萨斯州的布鲁克斯空军基地和俄亥俄州的莱特机场的实验室进行了高海拔、加速度对飞行员和机组人员能力影响的研究。随后又进行了大量关于感知、运动行为和反应时间的实验研究,重点是高速战机中人的能力限度问题。苏联米格21战斗机驾驶舱有70多个显示仪表、近200个操纵开关和按钮;20世纪70年代,美国F-14战斗机有90多个显示仪表和近600个操纵开关,必须要两个飞行员分工合作才能使用。这些武器装备对操作人员的感觉、知觉、判断和决策能力提出了

5

很高的要求,有些甚至超出了人的能力限度。例如,为区分飞机驾驶舱内众多不同功能的操纵杆,设计人员会采用不同的形状进行编码标识。但由于这些操纵杆的形状设计得过于相似,且形状的寓意不明确,难以区分,因而经常发生识别错误。统计数据显示,由于驾驶员混淆飞机起落架和翼襟控制器操纵杆,使得美国空军在22个月的时间内发生了400多次飞机事故。这一时期出现的雷达也对操作人员的视力、记忆力和运动协调能力提出了很高要求。以1942年首次出现在美、英军舰上的雷达为例,即使经过长期训练,操作人员也无法避免出现失误。1950年,马克沃色(N. H. Mackworth)发现了"警戒效应"(Vigilance Effect),即操作员在开始监视雷达屏幕10min后,警戒注意力迅速下降,半小时后监测率下降到85%,1h后下降到75%,2h后下降到73%。这一发现表明,雷达目标漏报问题是由于人的生理和心理问题,不存在完美的监控员。

20世纪50年代,美国空军在一些飞机场开展了包括人员选择、训练、装备研发和人员效率等项目的研究。为研究自然环境下人的表现,评价所采用的设备都是由实物模型和模拟显示装置构成的。例如,美国陆军的行为科学研究实验室(现在的陆军行为科学研究所)在美国各个陆军基地中建立了人机工程评价实验场,如亚拉巴马州拉克尔堡的直升机人机工程评价实验场等。陆军的人机工程实验室派人机工程专家参与评价实验,监督和协助人机界面的设计和评价研究。实验研究量化了对人的能力限度的认识。

1.1.3　基于计算机技术的人机界面设计与评价

计算机技术和优化设计方法的发展使基于计算机的人机界

面设计与评价成为可能。Baffa 等人在 1964 年提出了 CRAFT（Computerized Relative Allocation of Facilities Technique）人机界面设计模型。采用"功能单元使用频率准则"对人机界面进行布局，将使用频率高的功能单元优先布置在最佳区域。该模型曾被用于某型号飞机控制面板的设计，并使该控制面板的初期设计费用节省了 30% 左右。英国的一个研究小组，分别于 1973年、1974 年和 1977 年研制出多个计算机辅助控制面板布局程序，如 SAMMIE、AUTOMAT 和 NULISP 等，用于飞机驾驶舱和钢铁厂控制室人机界面布局。1977 年，Bonney 等人提出了针对坐姿操作控制面板设计的 CPABLE（Controls and Panel Arrangement by Logical Evaluation）模型。在该模型中，考虑了功能单元重要性准则、功能单元使用频率准则、功能单元按功能分组准则、功能单元使用序列准则和操作空间相容性准则，采用"重要系数"最大的功能单元优先布局的原则，搜索可以布置该功能单元的区域。同时，为了防止将不同的单元布置在同一个区域，Bonney 等人对已布置的单元附加了一个标记，解决布局过程中的位置冲突问题。1995 年，Jung 等人提出了 CSP（Constraint Satisfaction Problem）模型，将控制面板人机界面看作是一个多约束问题，采用约束满足法来处理人机界面的布局问题，其约束条件包括空间相容性、使用频率、重要性、功能分组和使用顺序等工效学准则。

数字化人体模型也在人机界面设计与评价过程中逐步得到应用。20 世纪 60 年代末由英国 Nottingham 大学开发建立的 SAMMIE 系统能够进行工作范围测试、干涉检查、视域检测、姿态评估和平衡计算，后来又补充了生理特征和心理特征。美国波音公司于 1969 年开发了用于波音飞机人机界面设计与评价中的 BOEMAN 系统;Dayton 大学于 1973 年开发了 COBIMAN 系统,用于飞机乘务员工作站人机界面辅助设计和评价;Chryaler 公司于 1974 年开发了 CYBERMAN 系统,用于汽车驾驶室人机界面设计与评价;德国在 20 世纪 80 年代开发的 RAMSIS 系统已应用在宝马公司的汽车人机界面设计中;由宾夕法尼亚大学于 1992 年研制并投入商业使用的 JACK 系统已经被许多飞机公司、汽车制造商(如 FORD、TOYOTA)和车辆设计机构所采用,极大地促进了人机界面设计与评价技术的发展。

优化算法也改变了传统的人机界面设计与评价方法。以一组操纵器的布局为例,根据工效学标准要求,操纵器的布局应考虑其重要性原则、操作顺序原则、使用频率原则以及与周围其他元件的相关性。传统的布局方法是设计人员依据经验,在头脑中综合上述各个原则形成布局方案。该方法受设计人员的知识、经验和喜好等因素影响较大,布局结果常常因人而异。由于传统人机界面布局的思考过程和结果是在人的头脑中形成的,既不可见,也不可追溯,其他人很难评价其布局结果的合理性。现代智能优化算法,如蚁群优化算法、模拟退火算法、人工神经网络、禁忌搜索算法、遗传算法和粒子群算法等新方法为解析表达基于多原则的人机界面布局设计与优化过程提供了可能。以蚁群优化算法用于操纵器的布局为例,可以采用蚁群优化算法的旅行商问题方法求解。例如,将操纵器的位置视为访问地点,操纵员手的最小移动距离定为优化目标。以重要性原则、操作顺序原则、使用频率原则以及与周围其他元件的相关性构成目标函数,求解操纵员手遍历的所有访问地点总距离最短时的操纵器的排列顺序,从而优化操纵器的布局排序。

基于计算机技术的人机界面设计与评价为人们带来新的技

术手段的同时,也为人们带来了更为复杂的新的评价对象——计算机界面。计算机界面形式多样、特点各异,有命令行界面、菜单界面、问答和查询对话界面、WIMP界面、点击界面、三维界面、自然语言界面、多通道人机界面、虚拟现实人机界面、智能化人机界面和生态人机界面等。命令行界面的优点是可以直接访问系统功能、使用灵活,但是用户必须记住相关的命令,学习起来比较困难。菜单界面的优点是用户不需要记忆,但是菜单选项的分组和命名必须含义明确,有逻辑性,以帮助用户找到所需选项。问答和查询对话界面容易学习和使用,但界面的功能和能力受限。以窗口、图标、菜单和指点设备构成的WIMP界面是目前大部分计算机系统的交互形式,简单易用。点击界面与WIMP界面十分相似,广泛应用于多媒体和Web浏览器中。点击界面操纵动作简单,只要用鼠标对准一个图标、地图或单词,点击一下按键即可打开相应的链接,学习和使用简单。三维界面真实感强,与实际设备联系紧密,便于理解和记忆,但有时会因为画面过于复杂而增加认知难度。自然语言界面交互自然,但容易产生歧义。目前,自然语言界面只在某些受限的场合应用比较成功,对于交互信息复杂的人机界面应用困难。多通道人机界面通过视觉、听觉和触觉等方式共同感知信息,用户能够感知的信息丰富。虚拟现实人机界面利用虚拟现实技术的浸沉感、交互性和构想性,能在近似真实的环境下进行人机交互。此外,基于计算机技术的人机界面还包括具有感知、决策和执行功能的智能化人机界面以及基于人的认知行为的生态人机界面。

生态人机界面将人的认知行为划分为基于技术、规则和知识的三种类型。鼓励使用较低认知水平的基于技术和规则的行为,速度快且省力。同时,要使设计的界面尽量满足人的三种认知行为类型要求,以帮助知识型工作者运用知识进行认知,对变化的环境和出现的新事件进行决策,提高解决问题的绩效。与传统的人机界面相比,生态人机界面最大的优势是能为人提供一个在未预知事件发生时有助于做出正确决策的界面,从而保证人机系统的安全。

计算机界面的设计与评价是以认知科学为基础的。为了解释人的认知活动,认知科学家将人模拟成一个由感觉加工与知觉(感知)、认知与记忆、反应选择与执行(决策)、反馈和注意五个阶段组成的信息加工与处理系统。遗憾的是,目前认知科学还处于发展过程中,尚不能为计算机界面设计与评价提供全面的设计标准与指南。

人机界面的设计与评价研究受到相关学术组织与国际研究机构的高度重视。国际信息处理联合会(International Federation for Information Processing,IFIP)、美国计算机学会(Association of Computing Machinery,ACM)、国际能源署(International Energy Agency,IEA)和美国职业安全与卫生条例管理局(Occupational Safety and Health Act,OSHA)等都将人机界面的设计与评价列入了开发计划。国际原子能机构也设立了"Man-Machine Interface Studies"研究项目,对核电厂主控制室人机界面的显示器、控制器和计算机的使用进行系统研究。人机界面设计与评价研究的效果明显,来自日本的统计数据表明,核电厂主控制室人机界面在考虑了人机工程设计后,事故的发生率10年间从4次/堆·年下降到0.6次/堆·年。而美国空军在研制 C - SA 运输机的过程中,邀请了包括人机工程在内的各个领域的专家参与设计和评价,在发现的980多处各类问题中,890多处是由人机工程专家协助研究解决的。这表明人机界面的评价研究在提高复杂系统的运行安全、可靠性和经济性方面确实能够发挥重要作用。

为使人机工程设计思想应用到人机系统设计的各个阶段，确保人的行为因素与系统研发高度融合，美国军方制订了人机工程研究规划。例如，2008 年美国陆军的人力和人员综合计划（MANPRINT）研究包含了人机工程、人力资源、人员、训练、系统安全、健康危害和人员生存能力等七个领域。美国交通部的联邦航空局有一个完整的致力于飞机工业的人机工程部门，欧洲和亚洲也有类似的组织以支持军事和工业的发展。今天，无论在军用还是民用工业领域，人机界面的设计与评价研究都受到了前所未有的重视。

1.2　人机界面设计与评价的方法

1.2.1　设计与评价方法概述

人机界面设计与评价广泛采用各学科的研究方法，包括人体科学、生物科学、认知科学、系统工程、控制理论、优化理论和统计等学科的一些研究方法，同时也建立了一些独到的新方法。常用的方法可以归纳如下。

1. 观察法

观察法是在自然情景中对人的行为进行有目的、有计划的系统观察和记录，然后对所做的记录进行分析，发现心理活动和发展规律的方法。观察法可以观察到被试者在自然状态下的行为表现，结果真实。

2. 实验法

实验法是在控制条件下对某种行为或某种心理现象进行研

究的方法。实验法分为自然实验法和实验室实验法。

1）自然实验法

自然实验法也称现场实验法，是指在自然条件下，对某些条件加以有限的控制或改变而进行研究的方法，它简便易行，所得结果比较符合实际。例如 Armor Holdings 公司在研制轻型综合机动身体装甲系统（LIMBS）时，让士兵在模拟的作战现场直接佩戴该装置进行战术动作训练，然后通过现场测量肌肉的能量消耗数据来改进和调整该装置的局部结构和重量。改进后该装置在对人的肩、四肢提供增强防护的同时，重量减轻了 25%，提高了单兵作战时使用该装置的机动性和舒适性。

2）实验室实验法

实验室实验法是在特定的实验条件中，借用各种仪器设备，严格控制各种条件进行实验的研究方法。实验室实验法的最大优点是能够精密地控制实验的条件，精确地揭示变量之间的因果关系。例如，在风洞实验室进行的飞行器测力实验、测压实验、传热实验、动态模型实验和流态观测实验等。

3. 物理模拟和模型实验法

当人机系统比较复杂时，常用物理模拟和模型实验法进行人机界面的研究。与采用实体进行研究相比，模拟或模型可以进行符合实际的研究，而且更加廉价和安全。例如：飞行模拟器可以模拟危急情况，训练飞行员对特殊情况的处理，即使操作失误也不会危及装备及人员的安全；训练不受气候、地域和环境的限制；可以对飞行员的难点项目进行反复练习，大大缩短了飞行员的受训时间。有统计数据表明，采用飞行模拟器训练的费用只有实际飞行训练费用的 1/70。

4. 计算机仿真法

计算机仿真法是在计算机上利用系统的数学模型进行仿真

性实验研究。研究者可对尚处于设计阶段的机器系统进行仿真,并就系统中的人、机、环境三要素的功能特点及其相互间的协调性进行分析,从而预知所设计的机器的性能,并改进设计。应用计算机仿真法进行研究,能大大缩短设计周期、降低研发成本。例如传统的火炮设计中,需要在设计出样炮之后进行大量的实弹射击实验,通过刚强度、稳定性以及射击密度实验数据来对设计方案进行修改。而采用计算机仿真法技术,运用多体系统动力学理论和虚拟现实技术建立的火炮虚拟现实实验系统,利用仿真的样炮与火炮射击实验的虚拟场景相结合,能逼真地模拟射击实验过程,通过交互改变火炮射击参数和实验环境等参数,可以验证设计方案,达到缩短设计周期、降低开发成本和提高产品质量的目的。

5. 分析法

分析法是对人机系统已取得的资料和数据进行系统分析的一种研究方法。目前,人机工程研究常采用的几种分析法有瞬间操作分析法、知觉与运动信息分析法、频率分析法、危象分析法、相关分析法、调查研究法、检查表法、联系链分析法、系统分析与评价法等。

1)瞬间操作分析法

操作过程一般是连续的,因此人机之间的信息传递也是连续的。但要分析这种连续传递的信息比较困难,因而只能用间歇性的分析测定法,即,用统计方法中随机抽样法,对操作者与机器之间在每一间隔时刻的信息进行测定后,再用统计推理的方法加以整理,从而得到对改善人机系统有益的资料。

2)知觉与运动信息分析法

由于外界给人的信息首先由感知器官传到神经中枢,经大脑处理后产生反应信号,再传递给肢体对机器进行操作,被操作的机器状态又将信息反馈给操作者,从而形成一种反馈系统。知觉与运动信息分析法就是对此反馈系统进行测定分析,然后用信息传递理论来阐明人机间信息传递的数量关系。

3）频率分析法

对人机系统中的装置、设备等机械系统的使用频率进行测定和分析,其结果可作为调整操作者负荷的参考依据。

4）危象分析法

对事故或近似事故的危象进行分析,特别有助于识别容易诱发错误的情况,同时也能方便地查找出人机界面中存在的,但需要用复杂的研究方法才能发现的问题。

5）相关分析法

在分析方法中,常常要研究两种变量,即自变量和因变量。用相关分析法能够确定两个以上的变量之间是否存在统计关系。利用变量之间的统计关系可以对变量进行描述和预测,或者从中找出规律。由于统计学的发展和计算机的应用,相关分析法已成为人机工程研究的一种常用方法。

6）调查研究法

调查研究法是用各种调查方法来抽样分析操作者或使用者的意见和建议,此方法包括访谈调查和问卷调查等。通过对调查结果的统计分析,对系统进行认知和评价。

7）检查表法

检查表法主要用于人机界面的定性评价,该方法将影响人机交互质量的因素按显示设计、操纵设计等不同类别进行列表,设计人员或评价人员按照检查表中的内容逐条进行检查,从而发现人机界面设计的缺陷。该方法是一种比较成熟的人机界面评价方法,对于常用的人机界面形式已有推荐使用的评价指标检查表,简便易行。

8）联系链分析法

联系链分析法是用于人机界面布置设计与评价的方法。该方法将人与人机界面中各显示器、控制器之间的联系用链值的大小进行排列,链值大者代表该显示器、控制器的重要程度和使用频率高,应该布置在易于观察和操纵的区域内。

9）系统分析与评价法

系统分析与评价法是将人、机、环境作为一个整体,对系统进行分析和评价。系统分析包括作业环境分析、作业空间分析、作业方法分析、作业组织分析和作业负荷分析等。系统评价是以人的主观感受对人—机—环境系统进行综合评价,它强调了人是最终使用者的思想。系统评价方法主要有模糊理论、灰色理论、神经网络法、主成分分析法和数据包络分析法等。

1.2.2 设计与评价方法演变

人机界面设计与评价方法的演变是由日益发展的设备的计算机化推动的。在计算机应用于监控系统之前,人机界面评价主要依据刺激和反应的测量结果,对人的认知活动关注很少。随着计算机广泛应用于机器设备和工业生产过程的监控系统,人作为系统、设备和产品的操作者,其操作行为已由人体直接感受机器的信息演变为监控由计算机驱动的机器。与设备计算机化之前相比,操作者的工作更加注重对系统的认知,人不仅要监控系统处理进程,还要诊断出实际发生或将要发生的故障,这些工作对人的信息处理能力提出了较高的要求。由于操作者的信息处理过程在很大程度上是不可见的,所以有关操作者的信息处理效率的评价只能从操作者处收集,至少有操作者协助才能够完成评价工作。近年提出的以用户为中心的设计,采用直接观察法、用户行为的音频记录法、视频记录法和专家访谈法等对人机界面的设计进行详尽分析和评价,以满足用户的需求。具有主观色彩的访谈法已成为人机界面设计和评价的重要方法。

进入 21 世纪,人类更加依赖基于计算机的人机界面设计与评价。例如,工作负荷评估与建模(Simulation for Workload Assessment and Modeling,SIMWAM),计算机辅助设计与评价技术(Computer-Aided Design and Evaluation Techniques,CADET)和计算机化人体生物力学模型(Computerized Biomechanical Man-Model,COMBIMAN)等。计算机建模与仿真技术在人机界面设计和评价领域中发挥的作用越来越重要。

第2章 人机界面显示器设计

显示器是指在人机系统中,给人传递信息或反映系统工作状态的一种装置。物理显示器的人机工程设计标准已具有较为完整的标准体系,但是结合认知科学进行软件显示界面人机工程设计的方法和标准仍有待发展和完善。

2.1 显示器分类及设计原则

2.1.1 显示器分类

显示器可以按人接受信息使用的感觉器官分类,也可以按信息显示方式的"柔"性分类。

1. 按人接受信息使用的感觉器官分类

根据人接受信息使用的感觉器官,人机系统中的显示器可分为视觉显示器、听觉显示器和肤觉显示器。视觉显示器的优点在于能较好地传递复杂信息,如公式和图形符号,传递的信息时效长且能够延迟、保存,便于信息的获取;听觉显示器的优点在于能够快速传递信息,警示性较强,便于在视觉受阻的情况下传递;肤觉显示器的优点在于既能够快速传递信息,又能够减轻视觉及听觉负担。

1)视觉显示器

按显示形式可以分为模拟式显示器、数字式显示器和屏幕显示器。其中,模拟式显示器可分为窗口表盘、圆形表盘、半圆形表盘、直线形表盘、带形表盘、多表盘表盘、检查表盘和图形显示表盘(见图2－1)。

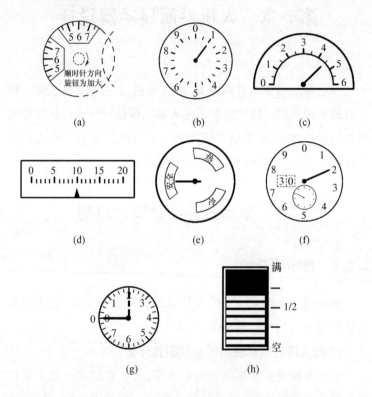

图2－1 模拟式显示器

(a) 窗口表盘;(b) 圆形表盘;(c) 半圆形表盘;(d) 直线形表盘;

(e) 带形表盘;(f) 多表盘表盘;(g) 检查表盘;(h) 图形显示表盘。

数字式显示器可分为机械式数字式显示器、电子式点阵显示器和电子式块阵显示器(见图2－2)。

屏幕显示器分为电子束显示器、平板显示器和光学投影显示器等。

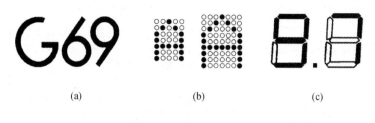

图2-2 数字式显示器

（a）机械式数字式显示；（b）电子式点阵显示；（c）电子式块阵显示。

2）听觉显示器

听觉显示器可以分为两大类：音响报警装置和语音显示装置。其中，音响报警装置又可分为蜂鸣器、铃、角笛、汽笛和报警器等。

3）肤觉显示器

按刺激强度不同可以分为肤觉显示器和压觉显示器。按刺激作用方式的不同可分为被动肤觉显示器（觉—压觉）和主动肤觉显示器（觉—摸觉）。

2. 按信息显示方式的"柔"性分类

根据信息显示方式的"柔"性，人机系统中的显示器可以分为传统的物理模拟显示器和基于计算机软件显示界面的虚拟显示器两大类。传统的物理模拟显示器，如指针式仪表、机械式数字表和发光二极管显示器等，习惯上称为"硬"显示器或显示设备。基于计算机软件显示界面的虚拟显示器，如表格和列表、饼图、柱状图、标签和文本信息等各种视图，习惯上称为"软"显示器或显示页面。现代人机界面中，硬显示器与软显示器常常结合使用。表2-1为硬显示器与软显示器的特性对比。

表 2-1　硬显示器与软显示器的特性对比

比较项目	硬显示器	软显示器
空间位置	空间位置固定	空间位置往往不固定,并可以有多个位置。它可以位于多个显示设备或同一个显示设备的多个显示页面内
显示方式	以并行的方式同时呈现在人机界面上,用户通过视线扫描就能确定显示器的状态	通常位于多个显示页面内,用户很难一次同时看到的它们,只能以串行的方式一页页地看
可见性	位置固定,且随时可见	空间位置不固定,且不一定随时可见。常常需要从显示系统中查找它们
耦合性	要求与关联的操纵器位置相邻,用户在执行输入操作时可随时观察显示器的变化	显示的反馈与操纵动作可能是一种松散的耦合。用户可能在一个地方执行操纵动作而在另一个地方读取显示信息。显示和操纵位置的物理解耦将导致不同于硬显示器的监控要求
界面功能	只有设备显示功能	既有设备显示功能,也有界面管理功能,显示设备与界面管理常使用相同的显示器。例如,用视觉显示终端打开一个显示界面,同时也可以用这个视觉显示终端对设备进行显示
显示形式	一般仅有一种显示形式	可以有一系列显示形式,如饼图、柱状图和直方图等。显示形式由软件定义,可选择的显示形式通过显示界面告知用户
功能复杂性	一般一个显示器只能显示一个信息	显示信息由软件定义,一个显示器可以显示多个信息
界面灵活性	人机界面形成后不易改变	用户可以根据目前的需要或个人喜好设计显示器和与其关联的操纵器的位置

2.1.2　显示器设计原则

　　硬显示器和软显示器的差异主要是实现显示的方式不同,但都是给人传递信息或反映系统工作状态的一种装置,他们应

20

该遵守某些共同的显示设计原则。硬显示器与软显示器应该共同遵守的设计原则如下。

信息显示的方式应与用户使用该信息执行的任务一致。对所有显示要素都应采用一致的界面设计惯例,并与用户所熟悉的标准和惯例保持一致。操作者应易于观察和理解表示进程的特征参数。信息显示系统应提供整体的以及当前具体目标的细节信息。对安全性重要的参数和变量应以一种方便且易于读取的形式显示。显示应包含正常运行条件下的参考值、临界值,以及关键设备参数的极限值,应包含当前显示系统的运行是否正常的指示信息。由传感器、仪器和部件引起的信息系统失效应产生明显的显示变化,该变化直接指示所描述的设备状态是无效的。

相关信息应编组。需要比较或心理集成的相关信息应采用邻近布置,并使用相似的颜色编码、外形尺寸和显示形式。应采用直接可用的信息显示形式。如果使用刻度倍增因子(如10的若干次幂),则在显示中应明确指示出来。对于重要的显示内容,在最大观看距离和最暗的照明条件下应易于辨认。显示的动态灵敏度的选择应使设备运行中的正常随机变化的显示最小。数字和文字的字体应简单、一致。

编码不应影响显示信息的可读性。当用户必须快速区分不同类别的显示数据时,须提供以分界线、下划线或颜色作为分组的编码。应使用有意义的或熟悉的编码,而不使用任意编码。从一个显示到另一个显示的编码含义应保持一致。同时,编码不应增加信息传递时间。

在具体的显示器设计中,针对显示器的不同类型,还有相应的人机界面设计原则要求。

2.2　显示设备设计

2.2.1　视觉显示器设计

视觉显示器主要包括指针式仪表、指示灯、数字计数器、屏幕显示器、投影仪、打印机、记录仪和数据自动描绘仪。

1. 指针式仪表

指针式仪表设计应遵循以下原则。

圆形刻度盘的刻度值应按顺时针方向增加,垂直刻度盘的刻度值应随指针向上运动而增加,水平刻度盘的刻度值应随指针向右运动而增加(见图2-3)。

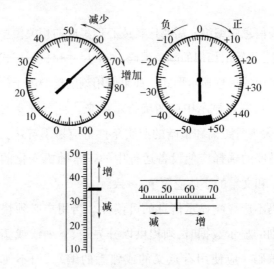

图2-3　指针移动式的刻读方向

针尖的形状应简单,针尖和最小刻度线之间的距离应尽量接近。图2-4是两种易于识别的指针形状。

指针的宽度应与最小刻度线的宽度一致。指针与背景的对

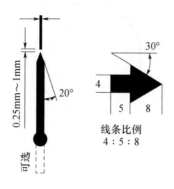

图 2 - 4　指针的形状

比度和指针的尺寸应足以允许使用者迅速识别指针位置。不同区域的标记应有明显的差别,且不应该干涉定量标记。应采用不同颜色带来表示正常的工作范围、上/下限和危险的参数范围。如果使用颜色编码,颜色应与意义相关(见图 2 -5)。

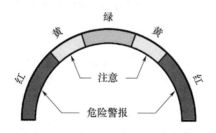

图 2 - 5　区域标注

　　为便于读表和防止读错,刻度标记的方向应一致。固定刻度上的单个数字的方向应是垂直的。如果指针转动范围超过360°,零点应位于时钟 12 点位置。当刻度覆盖范围小于一周时,刻度终点应通过刻度中断来指示(见图 2 -6)。

　　应优先使用刻度固定、指针运动式仪表。避免使用指针固定、刻度运动式仪表,避免引起混乱。表盘移动式仪表的刻读方

23

图 2－6 通过刻度中断来指示刻度终点

向见图 2－7。

图 2－7 表盘移动式的刻读方向

2. 指示灯

为提高指示灯的可靠性,应使用双灯或双灯丝的灯。应通过指示灯的发光来传递系统或设备状况,而不能通过指示灯的熄灭来传递。

提醒用户出现非正常状况应是报警信号系统的功能,而不应由指示灯承担。当指示灯的含义不明显时,应在其附近提供标签来指明其发光的含义。发光指示灯的光强应至少比点式光度计测量的周围面板的光强高 10%。当使用带刻字的指示灯时,应考虑与背景的对比、环境和反光条件。

整个控制室中的刻字设计应保持一致。发光刻字指示灯与刻字按钮应易于通过其形状和大小等因素相区别。应有防止指示灯镜片串换的预防措施。

24

3. 数字计数器

由多个单元组成的多位计数器(如轮式计数器和 LED 阵列计数器)应从左向右横向读取。为了补偿轮形曲面产生的变形,轮式计数器上数字的宽高比应为 1:1。如果数字多于 4 位,它们应编组并用逗号、小数点或适当空间隔开。当用户要连续读取数字时,数字变化不应快于 1 次/s。

4. 屏幕显示器

显示器应有足够的分辨率,即用户从最大观察距离也能够辨别所有的显示元素和编码。显示应无闪烁和抖动。显示应保持图像的连续感,即用户应不能分辨出扫描线或矩阵点。显示器应无几何失真。

显示器应有足够的亮度,其亮度至少为 $35cd/m^2$,首选 $80cd/m^2 \sim 160cd/m^2$。应提供将视频显示设备亮度从最低环境亮度的 10% 变化到全亮度的调节装置。

从屏幕显示的正常工作位置,用户应易于看到和达到经常使用的操纵器。人机界面提供的显示设备的数量应足以维持界面管理需求,达到不削弱用户职能的水平,并应足以支持每个用户必须同时执行的所有任务。

5. 投影仪

所有用户应能够在最远观察位置分辨所有重要显示的细节。在最大观察距离,字母和数字高度的视角应大于 15′。

叠置字符的对比极性应与投影方法相适应。投影系统提供的亮度比应满足投影内容的要求。最佳照明条件下,光学投影仪的对比度应该为 500:1;用于查看图表、打印文本和线图,最低对比度为 5:1;对于阴影和细节有限的投影,如动画和亮度范围有限的照片,最低对比度为 25:1;对于显示全部范围颜色(或黑白相间照片的灰色)的图像,最低对比度为100∶1。

图像的明度和亮度分布应是统一的。在最大观察视角,屏幕中心亮度应至少是它最大亮度的一半。

投影资料的扭曲程度取决于投影仪和屏幕之间的不垂直度。如果使用投影显示,投影仪及屏幕应恰当安排,以减少梯形畸形效应。

6. 打印机、记录仪和数据自动描绘仪

打印机应设在主要工作区,以便于用户校验和照看。实时应用的打印文件不应因被遮挡而削弱直读性。应允许用户在文件仍在打印机或绘图仪内时在打印的文件上做记录或标记。当图形叠加能够帮助用户正确判读图形数据时,应在生成图形数据的地方提供图形叠加。

打印输出应无行位不正、污点或眩目。打印内容和打印背景之间的对比度最低为4∶1。打印内容在计划运行环境光照范围内不清晰时,打印机应提供内部照明。

打印机应能打印出清晰、锐利和小号的数字,避免数据拥挤和随之产生的分析问题。笔墨和纸张的质量应保证打印的内容清晰和牢固,防止用户触摸时被弄脏或留下污迹。打印机的设计应保证纸张、墨粉、色带和墨水的补给便捷,同时具有自动供纸、打印材料剩余量指示和纸速调节功能。高速用于分离输出的记录,低速允许调整时间比例,以便可以显示不同变化率的信息。绘图仪的刻度标数和标记应遵从一般显示设计原则。记录纸上的刻度应与显示在记录仪上的刻度相同。

应使用标签来识别记录的参数。每个记录笔应使用不同颜色的墨汁以识别信道。记录的负荷不应超过设计的信道能力,否则将增加分析的复杂性并延长采样周期时间。分散配备的记录仪应能以一种易于观察的方式显示正在绘图的信道。

应提供单通道立即显示功能，而无须等待采样周期结束。用户应很容易地从卷轴式记录纸上撕下打印的记录。

2.2.2 听觉显示器设计

听觉显示器是利用听觉信号传递信息的装置。听觉显示器具有易引起人的注意、反应快速和不受照明条件限制等优点。

听觉显示设备分为两类：一类是音响及报警装置，另一类是语音显示装置。

1. 音响及报警装置

表2-2为常见的音响和报警装置特点及用途。

表2-2 常见的音响和报警装置特点及用途

使用范围	类型	平均声压级/dB		频率/Hz	用途
		距其2.5m处	距其1m处		
用于较小区域（或低噪声环境中）	钟	69	78	500～1000	提示时间
	低音蜂鸣器	50～60	70	200	用做指示性信号
	高音蜂鸣器	60～70	70～80	400～1000	用做报警信号
	1英寸铃	60	70	1100	较安静环境中使用，如电话、门铃，也可用于小范围的报警信号
	2英寸铃	62	72	1000	
	3英寸铃	63	73	650	
用于较大的区域（或高噪声环境中）	4英寸铃	65～77	75～83	1000	有噪声的环境中使用，如工厂、学校、机关上下班信号及报警信号
	6英寸铃	74～83	84～94	600	
	10英寸铃	85～90	95～100	300	
	角笛	90～100	100～110	5000	高噪声环境下报警，有吼声和尖叫声
	汽笛	100～110	110～121	7000	紧急状态时报警，或远距离音响传送
	报警器	120以上	120以上	由低到高有变化	防空警报、救火警报

2. 语音显示装置

用于传递和显示语音信号的装置称为语音显示装置。用语音作为信息载体,可使传递和显示的信息含义准确、接收迅速,且信息量较大,但其易受噪声的干扰。无线电广播、电视、电话和对话器等都是经常使用的语音显示装置。在某些追踪操纵中,语音显示装置的效率并不比视觉信号差,例如,战机着陆导航的语音信号和舰船驾驶的语音信号等。

在语音显示装置的设计中应注意的问题有:语音的清晰度应在75%以上,语音的强度最好为60dB ~ 80dB;采用相应的措施,尽量保证噪声环境中语音显示的清晰度。

语音显示装置的设计应遵循:语音应限制在仅提供少量的消息;用户可重复播放语音信息;语音信息应简短,并应采用独特和沉稳的嗓音;语音信息应采用正式和客观的方式表达;语音信息的措词应简明、易懂且恰如其分;应建立语音信息系统的优先级,这样更重要的信息就会优先于次重要信息播放;如果语音用于提供警告以及其他形式的用户指导,语音警告应易于与常规信息区分;在预期的噪声环境中,语音显示的强度应可保证被清楚听见。

2.2.3 触觉显示器设计

触觉显示常作为其他类型显示的补充,是指主要通过手触摸物体的表面情况以及凸凹或轮廓线来传达信息。触觉显示通常不能用于表达主要的信息,除非是视觉和听觉无法显示的场合,以及作为其他感觉通道的替代,或用于感官有缺陷的人群。

由于手部的触觉显示灵敏度非常高,因此触觉显示应该被设计成手操纵式。但是触觉显示不应该用于需要操作者同时分辨多个显示的场合。触觉器官编码应该具有简单的几何形状，并且编码之间的形状易于分辨。

2.3 软显示器设计

2.3.1 软显示器设计原则

软显示器的显示格式灵活多变，而且具有综合显示的独特优点。既能显示所有硬显示器的显示形式，又能用作追踪显示，还能显示动态页面。

1. 软显示器的设计原则

除遵循2.1.2节中提出的显示器设计原则外，软显示器的设计还应遵循以下原则。

（1）信息显示在措辞、格式和基本风格上应与数据和控制的输入形式保持一致。系统应有一个明确的映射关系表达所要显示的系统功能或特性，即显示形式的变化特征应与它所代表的状态存在一对一的关系。

（2）为了满足任务目标要求，显示应提供其必需提取的层次信息。对于通过分析低层次数据产生的高层次信息和图形元素应易于被用户理解，并且用户应能获得链接过程参数和图形特征的规则或计算，以及信息系统如何产生高层次信息的说明。

（3）信息显示应分级。当用户正在查看低层次显示时，系统应提醒用户察觉，使其返回到高层次显示中来。当操作者的任务需要时，应提供高层次信息和低层次信息之间，以及到参考信息和支持信息的导航链接。

（4）信息系统应支持用户预测系统的未来状态。应选定指示状态改变的控制点，以使用户有足够的时间做出适当的反应。

应考虑使用解析冗余来帮助保证显示值的适当性。

（5）当任务要求连续观测当前信息的变化,而显示变化很快以致难以读取时,在连续显示的同时,应为用户提供一个即时的显示冻结,以提高可读性。对处于冻结状态的显示,系统应有明显的提醒,说明它处于冻结模式。

（6）当需要精确认读一个图形显示时,该图形显示应加注实际数值来补充说明。用户应能根据任务要求控制显示数据的总量、格式及复杂性。关键的或者表示危险状态的数据,需要采用区别性强的编码突出显示。

（7）图形特征的突出性应反映信息的重要性。当重要文字需要增强显示使其从其他文本中区别出来时,这些文字应通过粗体、高亮或颜色编码加以强调。

（8）通过在线帮助系统,用户应能获得所有显示元素的说明。覆盖物不应分散注意力或干扰显示信息的观测或解释。用户应能获取所有视频显示信息准确和完整的硬拷贝。应提供充足的显示区域显示所有的重要信息,以避免显示之间的频繁转换。

2. 软显示器的对话原则

由表 2-1 可知,软显示器在空间位置、显示方式、可见性和界面功能等方面较硬显示器复杂得多。为提高软显示器的可用性,在用户界面对话设计中应遵循关于任务的适宜性、自我描述性、可控性、与用户期望的符合性、容错性、适宜个性化和适宜学习的要求。其主要内容如下。

（1）仅向用户提供与任务有关的信息;帮助信息要面向任务;考虑任务相对于用户技术和能力方面的复杂性;为经常性任务提供支持,如保存动作序列等。

（2）提供用户操作反馈；重要的操作在执行前应提供说明并请求确认；宜采用一致的、源于任务环境的术语提供反馈或说明；显示与任务有关的对话系统状态变化；消息应易于理解，并客观明确地表达和呈现。

（3）交互的速度应依照用户的需要和特性来确定，系统应始终处于用户的可控制状态之下；如果交互过程是可逆的，应至少能够撤销最后一个对话步骤；输入输出设备可选时，用户应能方便地选择。

（4）在一个对话系统中，对话的行为和显示应前后一致；实现状态变化的行为方式应始终如一；应使用用户熟悉的词汇；相似的任务应使用相似的对话；反馈信息应出现在用户预期之处。

（5）适应用户的语言和文化；适应用户关于任务领域的个体知识和经验，以及用户的知觉、感觉和认知能力；允许用户按照个体偏好和待处理信息的复杂性选择呈现方式。

（6）向用户提供有助于学习的规则和基础概念；允许用户为了记忆活动而建立自己的分组策略和规则；提供有关的学习策略；提供再学习工具；提供不同手段以帮助用户熟悉对话要素。

（7）在显示方式的选择和组合方面应遵循：关键信息使用冗余；数值和定量信息应考虑基于语言的媒体（如数字文本、数字表格）；显示一组数值的组内关系和组间关系以及概念之间的关系，应考虑非现实图像（如图示、图形、图表）；对于复杂或连续的行为，应考虑运动图像媒体；重要事件和问题的警告信息应考虑使用音频媒体（如语音或声音）报警等。

（8）各个操作界面中，相同功能的区域，其位置应该保持大体上的一致。例如，标识区、输入/输出区、控制区和信息区等，标识区通常在输入/输出区之上(见图 2 - 8)。

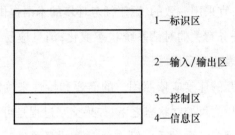

1—标识区

2—输入/输出区

3—控制区

4—信息区

图 2 - 8　操作界面中功能区分布

(9) 颜色使用方面应遵循:颜色只能作为辅助编码;应该避免不加选择和区分地使用颜色;一种颜色应该只能代表一个种类的信息;应该遵循现有的颜色使用习惯;颜色的数量最好不超过六种;应该避免在以黑色为背景的页面上使用深蓝色的文字或图标;前景的颜色应该与背景颜色区别较大;应该避免采用高纯度的颜色和白色作为背景颜色。

2.3.2　显示页面布局与显示元素设计

显示页面是指一个单独显示单元的信息集合,它的功能是通过计算机图形用户界面实现的。显示页面的内容通常旨在提供系统某一方面的组合视图。例如,用一个显示页面提供主系统高级别状况的概览。显示页面通常都有标签,用户可以将其作为一个独立的显示使用。一个好的页面布局应该允许用户把注意力集中在一个兴趣点上,同时在它周围显示足够的相关信息。

1. 显示页面设计

显示页面的设计应遵循下列原则。

(1) 每一个显示页面应以标题开始,简要地介绍显示的内容。每个显示页面应有唯一的识别特征,以便在需要显示该页面时提供索引信息。对于含有多个层次的标题或标签,系统应提供视觉提示以帮助用户区分标题的层次。

（2）显示页面的各种功能区,如数据显示区、控制区或消息区的位置应明显。应显示与它们功能相一致的最简单的信息,不应显示与任务无关的信息。信息显示应尽量整齐。

（3）当信息显示分为多页时,功能或任务相关的数据项应在同一页内显示。应用多页显示时,应为用户在显示序列中提供页面位置的参考。当用户观察较大显示中的一部分时,应提供可见部分在整个显示中的位置指示。

（4）为便于用户理解,显示信息应根据任务、系统、功能或顺序编组。各组之间应借助颜色编码、使用空白分隔或分界线等方法使得各组在视觉上有所区别。

（5）应使用统一的不分散注意力的背景颜色,并且其色调或对比度应保证可以很容易地看到数据,同时不产生曲解或妨碍显示编码。

（6）整体标签、行或列标签的位置应沿着显示边缘的顶部或底部、左端或右端。

（7）暂时遮盖其他显示数据的显示信息不应擦除被遮盖的数据。

2. 显示元素设计

显示页面由窗口、菜单、图标、文本和色彩等元素组成。下面逐一介绍这些元素的设计原则。

1）窗口

窗口能对多进程多任务的运行情况进行显示。窗口能根据用户的需求完成打开、关闭、创建、缩放、移动和删除等操作。按照窗口的构造方式可将窗口分为滚动窗口、开关式窗口、分裂式窗口、瓦片式窗口、重叠式窗口和弹出式窗口。

窗口一般由窗口标题、边框、菜单、用户工作区和滚动条等部件构成。一个窗口被创建后有三个状态：最大化、最小化和还原。

窗口的设计原则可归纳如下。

（1）一切从简　每个窗口的组成元素都要以简练的形式表现，对于那些没有用处的配置部件可以直接删除。例如不需要滚动区的界面就可以将滚动区直接删除。

（2）相关性　窗口内的一切组件都需要有一定相关性，组成一个隐喻系统，方便认知和识别。例如窗口中将最小化、还原和关闭三种窗口状态按钮排列在一起，方便查找。

（3）重点优先　窗口内重要的、频繁使用的功能应该放在方便使用的区域，不常用的功能放在辅助区域。

（4）可视性　可以通过窗口现在显示的状态看出该窗口是否处在工作状态。例如 Windows 系统中的多个窗口同时打开时，只有当前操作的窗口标题栏为彩色，而其他窗口的颜色显示为灰色。

2）菜单

菜单是访问系统功能的工具，它已经成为窗口环境的标准特征。菜单的操作方式、标记方式、位置与结构现都已标准化，这减少了用户的学习时间。

菜单的种类可分为全屏幕菜单、条形菜单、弹出式菜单、工具栏菜单、下拉菜单、图标菜单和滚动菜单。

菜单设计应遵循以下原则。

（1）简洁一致　菜单设计需要将系统功能合理分配并且按类分组，将所有的措辞结构尽量缩短，力求上下文环境和操作方式等一致,增加用户对菜单的信任感。

（2）合理安排菜单结构　良好设计的菜单在其顶层或一级菜单上不要多于 15 个 ~20 个子菜单项;子菜单需要更严格的限制,尽量不要超过 7 个 ~9 个菜单项。

（3）菜单顺序设计合理　菜单选项应该有利于提高菜单选取速度,可依据各种逻辑排列。例如,根据使用频率或使用顺序进行排列。

（4）易懂性　菜单内的文字和图表都要易于理解。在一个菜单之内,不同的字体与尺寸之间组合的数量不应该超出三种。

（5）反馈性　菜单设计需要具有反馈性,在用户进行操作时及时地将所做的操作表现出来。例如移动光标进行菜单选择时,凡是光标经过的菜单项应提供亮度或其他反馈性提示。

（6）多途径设计　设计时应为菜单操作留有多种选择,初学者使用菜单可以和指点设备(如鼠标)进行配合,但是熟练用户和高级用户可以用快捷键形式进行操作。

3）图标

图形和标识统称为图标,它以图形符号的形式来规划并处理信息和知识。图标因其传递的信息量大、抗干扰能力强和易于接受而在显示界面上广泛应用。

图标在屏幕显示设计中具有二重性的特点,一方面人们把图标看做其他对象的代表,而另一方面又把图标作为其代表本身的对象。

图标的直观性使其优于文字,并跨越了特殊人群理解文字的障碍,方便了用户的识别。同时图标具有的形、色和意多通道地刺激用户的感觉器官,便于用户使用。

图标的标准化使不同文化背景、不同年龄和不同学历的人都能接受图标传递的信息。图标便于记忆,还能加强视觉效果和美化界面。

图标的设计原则可归纳如下。

(1)易于识别 图标的图形编码应与其表示对象相似,为了方便识别,在设计时应该注意避免图标过于抽象。一个系统内的图标类型不宜过多,一般不要超过20种。

(2)确切性 当不同的目标出现时需要不同的图标表示,如果有图形相似、表达含义不清楚的需要配以简单文本标注。

(3)细节应用 虽然过分的细节强调可能导致人的认知退化,但每个图标应当有自己的细节。研究结果表明,对于熟悉系统的用户更喜欢图标中的细节应用,并能在使用中利用细节减少搜索及识别的时间。

(4)一致性 图标是为了方便人们记忆和搜索的显示形式,因此保持颜色、图形、样式、尺寸和风格的一致性可以增加用户的认知度,便于记忆。

(5)适当设置图标的尺寸 在不影响识别的情况下,图标尽量设计得小巧,并与文字匹配。

4)文本

文本的设计原则可以归纳如下。

(1)易读性 文本设计时需要区分字母和单词的形状。字母必须清晰,能与背景色分开。环境光线必须充足,没有障碍物阻挡。总之,文本设计的第一规则就是让用户很轻松就理解文本的意图。

(2)可读性 可读性影响用户对文本的阅读理解能力。人对文本的理解受多方面影响,如长度、行间距和格式等。此外,用户的能力也是其中重要的一个方面。从这个角度来讲,设计

36

需要符合以下规则:①尽量使用用户语言,避免专业术语,例如,界面上出现了"Exit"这个词,那么就可以用类似的词语代替,如"Close";②尽量避免使用不明确文本,用户必须理解界面为了使他们完成任务而要求他们做什么,文本不能具有二义性,同时注意文本不能过长,以免影响用户理解。

(3)符合文字的物理因素 用户阅读是一个多种因素影响的过程,没有一个独立的因素可以提高阅读能力。物理因素是所有设计因素中唯一能够量化的因素,它包括文字大小、每行长度、页边空白宽度、垂直行间距、文本对齐、对比度、滚动条与分页。

5)色彩

屏幕显示色彩的设计原则如下。

(1)限制色彩数量 在一帧屏幕上显示色彩的种类数目应该加以限制,除了黑白之外,一般为4种~7种。

(2)重要性 根据对象的重要性选择不同的颜色加以区分。

(3)一致性 在同一个操作系统或者应用程序中的色彩应用应当一致,减少用户的记忆和判断时间。

(4)色彩搭配 为了使色彩醒目,应选用好的前景色和背景色的搭配,例如背景色应选用饱和度低的浅色,表2-3为好的色彩组合方案。

表2-3 色彩组合方案

序号	1	2	3	4	5	6	7	8
背景色	白	黑	红	绿	蓝	青	品红	黄
前景色	蓝 黑 红	白 黄 绿	黄 白 黑	黑 蓝 红	白 黄 青	白 黄 青	黑 白 蓝	红 蓝 黑

（5）多手段并用　并不是每个人都能以全彩色来观察世界,在人群中有8%的男性和1%的女性有不同程度的色盲或者色弱,因此,所有的色彩标记应该与其他显示手段并用,提高这部分人的接受能力。

（6）遵循使用习惯原则　应该遵循熟悉的颜色使用习惯,例如,黄色＝警告,绿色＝好的或有益的。同时需要注意地域人文差异,颜色运用应该与操作习惯和不同的风俗习惯一致,减少人与显示界面间的隔阂。屏幕所处环境不同和计算机屏幕材质的不同,都会造成屏幕显示色差,因此在技术上需要考虑的因素有:①环境光会影响人们观看屏幕显示色彩;②不同屏幕输出的颜色也不尽相同。例如 CRT 显示器与 LCD 液晶显示器在图像质量上的差异已经减少,但是在显示色彩方面还是存在一定差异,一般认为 CRT 显示器比 LCD 液晶显示器颜色鲜亮,而 LCD 液晶显示器不会发生眩光。

2.3.3　软显示器显示方式设计

软显示器的显示方式灵活,可以采用多种信息显示形式。如连续信息显示、表格和列表、数据格式和字段、柱状图和直方图、图表、饼图、流程图、模拟图和图形、地图、整体显示和构形显示、图形仪表面板等。

1. 连续信息显示

这种显示方式是指文字数字字符串以不间断的线性阵列排列,例如句子和段落。连续信息显示设计应遵循以下原则。

（1）应采用标准的文本显示格式。屏幕显示的文本数据、信息或说明一般应遵循打印文本的设计惯例。每句话的主题应位于句首附近。文本显示措辞应简单清晰。应使用确切的词而不使用缩略词或组合词。文本应措辞简洁,以有助于理解。当文本显示中的词被缩写时,应在每个缩写词第一次出现的位置后面用括号定义。

(2)应使用肯定陈述而不是否定陈述。句子应由主动语态而非被动语态构成。当一个句子描述事件序列时,应以相应的词序表述。当用户必须阅读在线的连续文本时,应至少同时显示 4 行文字。连续文本显示的行宽应最少包含相当于 50 个英文字符的汉字数。

(3)显示文本材料时,英文单词应保持完整性,应尽量避免行之间的断字。在文本显示中应使用常用的标点符号。在左对齐显示文本中,单词之间应保持间距一致。英文单词之间的最小间距应为一个字母的宽度(大写字母 N 对应的间距)。应选择两个笔画宽度的最小值或者 15% 的字符高度值中的较大者,作为文本行的间距。显示的文本段落之间应该至少间隔一行。当由于显示图形或者其他数据而使空间受到限制时,应采用几个宽行,而不是窄栏多行的格式显示文本。

(4)当表格或图表与文本结合时,每个表格或图表应放置在文本中其第一次引文的附近,并最好在相同的显示页面中。采用在条目之下划线对其标记或强调时,划线不应影响条目的清晰度,例如遮蔽条目的下半部。

(5)在文本文件或表格内,强调信息时使用不同的字体优于使用不同的尺寸。当一个特殊符号,例如星号"＊",用于文字和数字的显示中以引起对所选项目的注意时,这个符号应在单词开头用一个空格与单词分开。当用户必须阅读长文本材料时,应可以获得该文本的打印稿。

2. 表格和列表

表格是指以行和列的形式显示文字数字字符;列表是指在

单一的栏中以列的形式显示文字数字字符。表格和列表应遵循下列原则。

（1）信息应以某种可识别的逻辑顺序组织，以便于快速查阅和理解。行标签和列标签应传达表格的信息，使用户在查阅表格之前了解表格的内容。每行和每列都应贴上唯一的信息标签，并且在视觉上应区别于输入的数据。标签应包含表格中数据的度量单位，度量单位应是行或列标签的一部分。

（2）在一个表格内以及从一个表格到另一个表格，应保持一致的行间距和列间距。同样地，同一表格内以及相关表格之间的行间距应一致，列间距应大于表中所显示数据项目的任何内部间距。在密集的多行表格中，应有规律地在一组行之后插入空白行、圆点，或者其他分隔要素表格内以及相关表格之间字母或数字字符的字体和尺寸应一致。

（3）字母数据的列在显示时应左对齐，以便快速阅读。数字数据的列应按照小数点所在列的位置对齐；如果没有小数点，数字应右对齐。

（4）当对所列条目进行编号时应使用阿拉伯数字而不是罗马数字。条目编号应从 1 开始而不是从 0 开始。当编号条目超出一个显示页时，下一页的项目编号应延续上一页最后一个项目编号。对于复合数字的分层列表应显示全部的数字，即重复的元素不应省去。

（5）列表应格式统一，并使每个条目都在新的一行上开始。当一个单独的条目在列表中超过一行时，应采用某种方法对条目进行标记，从而使条目的延长部分变得明显。

（6）当列表超过一页显示时，上一页的最后一行应是下一页的第一行。对于超过一个显示页的长列表，应采用分层结构的方法按其逻辑分成相关的短列表。

（7）如果一个列表通过多个列来显示,那么这些条目应在每个列中垂直排序,而不是在行中及穿过列水平排序。当列表或表格长度可变并且可能延伸至超过一个显示页的界限时,应在数据延续到另一页或者在数据当前页结束时告知用户。

3. 数据格式和字段

数据字段是显示中含有信息变量的空间。某些数据字段允许用户输入信息。一个数据格式可以包含一个或多个数据字段。数据格式和字段设计应遵循下列原则。

（1）逐个字符比较的数据字段应上下垂直排列。数据字段的布局和排序应保持从一个页面到另一个页面显示的一致。视频显示数据的格式应与通常使用的硬拷贝源文件的格式相似。数据输入和数据显示所采用的形式的格式应是兼容的。应为数据字段提供明显的视觉特征以便使数据字段明显区别于标签及其他显示特征。

（2）标签和数据输入区域应至少间隔一个字符。在一列中最长的数据字段与相邻列最右边的标签之间至少有三个空格。当标签尺寸大致相等时,标签和数据字段都应该左对齐。在最长的标签和数据字段列之间应该留一个空格。当标签尺寸差异很大时,标签应右对齐并且数据字段应左对齐。每个标签和数据字段之间应有一个空格。当用户按空格键或跳格键时,应通过使光标自动跳过标签的方式保护字段标签。

（3）应突出显示当前输入字段。应使用标签以帮助提示用户输入预期的数据。每个输入字段的标签都应以一个特殊的符号结尾,标记该字段可以进行输入。应以突出显示来提醒用户输入的数据和预定义的格式不匹配。键入的空格在数据格式上应与无输入相区分,以辅助任务执行。

(4) 字段组的标题应位于该组标签的上部居中位置。数据字段组之间应该至少间隔五个空格。当标题所在行位于相关屏幕区域上时,标签应从标题开始处缩进至少五个空格。当标题的放置位置与相关字段毗连时,他们应该放置在相关字段的第一行最左边。列标签应当距最长的标题至少三个空格。

(5) 数据输入编目应具有逻辑结构。完成一项任务所需数据编目的页数应尽可能少,以减少导航量。光标应定位于最先出现的第一个数据输入编目的第一个字符处。用户使用最少的注意和简单的动作便能从一个输入字段移动到下一个输入字段。

4. 柱状图和直方图

柱状图是以相互平行的线的长度表示数量的,其方向可以是水平的也可以是垂直的。直方图是柱状图的一种,用来描述一个连续变量的频率分布,变量可以编组为不同的类。柱状图是用条形的长度表示数量的多少,其宽度一般是固定的。直方图用条形的长度表示频率,宽度表示变量的类。由于直方图描述的是连续变量的频率分布,直方图的各矩形通常是连续排列,而柱状图分开排列。柱状图主要用于展示分类数据,而直方图则主要用于展示数据型数据。柱状图和直方图设计应遵循下列原则。

(1) 显示的每个柱形条应有唯一的识别标签。当柱形条成对显示时,应将他们标记为一个单元,每个柱形条应有易于区别的独立标签。必须对数据进行比较时,柱形条位置应临近排列,以使视线不必移动即可进行比较。

(2) 在一系列相关联的柱状图中,柱形条应有一致的方向。

如果一个柱形条所代表的数据有特殊的含义,那么应突出显示该柱形条。

(3)偏差式柱状图的中心应是以零为参考。在偏差式柱状图中,正常情况下正负偏差的范围不应超过总范围的10%。当偏差式柱状图用于安全功能参数的主要显示方式时,应给出每个参数的实际值。

(4)当可用不同的分段表示总体和局部测量值时,可采用对同一柱形条分段编码的方式显示。每个柱形条内的数据类别应该用相同的顺序排列,变量值变化最小的类别放在柱形条底部,变量值变化范围最大的应放在柱形条的顶部。

5. 图表

图表用来表示一个变量与另一个变量或多个其他变量相比的变化程度。图表一般用坐标图表示,如根据温度的函数绘制压力图。图表的设计应遵循下列原则。

(1)图表应传达足够的信息,使用户无需参考其他原始资料即可解释图表数据。当一张图表包括多条曲线时,应在每条曲线附近直接进行标签注释。如果必须显示文字说明,那么文字说明的编码顺序应与该曲线在图表中的空间顺序一致。

(2)当多重函数在同一图表中显示时,应对函数进行编码。线的编码在各个图表中应一致。当用户必须比较用不同曲线表示的数据时,这些曲线应能显示在一张复合的图表中。在多曲线显示中,如果一条曲线表达特殊意义的数据,那么应突出显示该曲线。

(3)趋势显示应具有显示不同时间间隔收集到的数据的能力。一个小的数据波动或叠加在一个明确趋势上的震荡行为不应影响数据趋势的变化率。当使用简单的量化的数值表示变化率时,应告知用户一个小的数据波动或振荡不能准确表示数据的变化趋势。仅当用户不需要知道每条曲线的形态或基于微小无规律的曲线差别时,这些独立的曲线才可合并成一个平均曲线。代表计划、设计或推算数据的曲线应与代表实际数据的曲线相区分。

（4）当曲线用于表达循环数据时,图表应一直延伸到该曲线显示周期的未完成部分。应使用图表界定目标区域,尤其是那些标注了 X 轴和 Y 轴数值的目标区域。应定期移除旧的数据点。

（5）对于特定的异常状况图表应采用易于识别的几何形状。轮廓线下的区域应加阴影,以便提供一个更加清晰的轮廓。应在线性轮廓图表底部设置指示每个参数的标签。

（6）分段曲线图表的每段都应与总值相联系。数据类别在一个分段曲线图中应按顺序排列,曲线值变化最小的应放在底部,变化范围最大的应放在顶部。分段曲线图中不同的带状区域应通过编码使其在视觉上相区分,例如通过纹理或阴影区分。如果空间允许,应直接采用纹理或阴影标记分段曲线图的不同带状区域。

（7）如果某些绘制的点描述特殊含义的数据,应突出显示,以便明显区分于其他数据。

（8）必须对几个变量之间的关联进行检查时,应采用离散点的有序组（矩阵）显示,且每次只能显示两个变量之间的联系。当离散点被编组在同一个页面中来显示几个变量之间的关联时,应提供一个交互辅助分析。当用户在一个区域中选择一组数据时,其他区域中对应的数据点应被突出显示。

6. 饼图

饼图是一个被分成几部分的圆形图,以图示的方式表示整体中相关部分所占的比例。被分割的部分也可以表示重要性或频率。饼图的设计应遵循下列原则。

（1）饼图的划分应限制在五块以内。饼图的块应直接贴标签，而不采用分离的图例说明。如果一个块太小，不能贴标签，标签应放在块的外面并用线与之相连。

（2）如果任务要求精确的数值，应在饼图块的标签中添加显示百分比或绝对值的数字。如果饼图中的一个块需要强调，应通过特殊的阴影线或从饼图中稍微移出，突出显示该饼图块。

7. 流程图

流程图是用来说明元素或事件之间顺序关联的图形。流程图常用带箭头的框图表示。流程图的设计应遵循下列原则。

（1）应以逻辑顺序显示可用的选项，且每步只能有一个选项。当流程图被设计出来后，用户必须在不同步骤间做出选择，可用的选择应以一致的顺序逐步显示。

（2）流程图应只显示用户即刻需要的数据，但更详细的数据可通过一个简单的动作获取。流程图的设计应使路径的逻辑顺序与熟悉的方向惯例一致。流程图应有一个标准的流程图符号。

8. 模拟图和图形

模拟图是坐标图和文字数字相结合的一种显示形式，按功能将系统组件组合，以反映组件之间的关系。例如，模拟显示可用于表示系统的示意图。图形是图片的一个特例，它仅显示与任务相关的细节。例如设备的电路配线图仅显示配线，而不需要显示设备。模拟图和图形的设计应遵循下列原则。

（1）模拟图和图形应包含能表达该图形含义所要求的最少量细节。用户应能辨认出模拟图线上的元件。

（2）所有流程线的起始点应标记或从已标记的设备处开始。所有流程线的终点应标记或在已标记的设备处终止。

（3）应使用明显的箭头明确显示出流程线方向。应通过颜色或宽度对流程线编码，以显示重要的信息。应避免流程线重叠。

（4）用符号来表示设备、工艺流程或信号路径的地方，应显示数字数据，以反映与设备有关联的输入和输出。当用户必须详细地评估信息时，应提供计算机辅助计算和可视化分析。

9. 地图

地图是一个面积或一个空间的图形表示，如房间或设备的布置。地图的设计应遵循下列原则。

（1）地图的重要特征应直接标示在显示屏上，避免混乱或被其他信息遮蔽。用户应能快速移除非关键的信息图或遮挡图。

（2）当显示几个不同的地图时，应使用一致的方向，以使每个地图的顶端始终代表同一方向。如果图形方位可改变，地图的标签和符号应保持与用户的方位一致。

（3）用户应能选择不同的方向和参考点。当一个显示框架无法显示整幅地图时，用户应能够在全部绘制的数据上平移显示，以便检查当前关注的不同区域。

（4）必须界定地图的不同区域或必须指明某一特定变量的地理分布时应使用编码，如纹理模式、颜色或色调变化。当用户必须对不同的颜色区域里的显示做出相对判断时，应使用同一颜色的不同色调进行编码，而不是使用不同的颜色进行编码。地图的不同区域采用纹理模式或色调变化编码时，最深或最浅阴影应对应于编码变量的极值。

（5）地图数据变化对用户的任务有重要意义时,应采用辅助图形元素增强这些变化。当绘制地图的数据复杂时,应提供计算机辅助数据分析。

10. 整体显示和构形显示

整体显示是指用单个的参数生成的显示中并不显示单个参数本身。例如,用一个图标就可以显示系统的状态信息。这个图标的变化源于通过计算底层参数变化,但是并不显示这些底层参数本身。

构形显示是指用参数之间的关系图显示高层信息。与整体显示相反,构形显示中同时显示单个参数。构形显示常采用简单的图形,例如,正多边形。单个参数用以多边形中心为起点的矢量表示,正多边形的几何形状表示高层信息。当构形为标准的正多边形时,表示系统各个参数运行正常,当正多边形结构失真时,则代表某个参数偏离了标准值。图 2-9 为由四个参数组成的构形显示,其中表示参数 C 和参数 F 的矢量已经偏离了标准值。

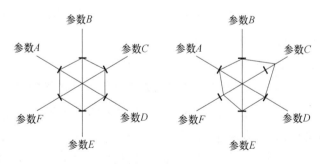

图 2-9　构形显示

整体显示和构形显示的设计应遵循下列原则。

（1）在用户不需要单个参数来说明显示的地方,应采用整体形式传达高层次和状态一览信息。当用户必须快速在高层次功能信息和具体参数值之间转换时,应使用组态显示形式。

（2）在目标显示中应提供可感知的、明显的识别参考,以帮助操作者通过目标的特征识别异常情况。应组织显示元素,以使由它们相互作用产生的高层信息与进程或系统的重要信息相符。

（3）高层信息或模式应采用从整体到部分的嵌套方式,以反映该进程的层次结构。每个高层信息应易于从其他高层信息或单个参数的信息中清晰地分辨出来。

（4）在组态显示中,应提供一个可明显感知的参考辅助,以帮助用户用高层信息识别异常状况。在显示中,每个相关的过程参数都应使用在感知上能清楚识别的元素表示。

（5）显示应支持用户获得任务要求的较低层次信息。高层信息及其相互作用不应过于复杂,以避免误解。

11. 图形仪表面板

在图形仪表面板中,图形对象是仿照控制面板中的仪表布置的。图形仪表面板的设计应遵循下列原则。

（1）指示的操纵范围区域应通过边界线或者圆形刻度盘的楔形线颜色进行编码。在圆形仪表上检查和读取正负数值时,"0"或空的位置应设在12点或9点方位。

（2）固定刻度表的指针应从垂直刻度的右边指向刻度,从水平刻度表的下面指向刻度。固定刻度表的指针应延长至最短的刻度线,但不能遮盖它。

（3）刻度线的数量不应超过所需的精度,以避免杂乱。当照明低于 3.5cd/m^2、视距 710mm 时,刻度间隔应至少为 1.75mm。

第3章 人机界面操纵器设计

操纵器是指人机系统中操作者用以操纵机器或调整系统工作状态的装置。现代操纵器既有以物理实体形式出现的物理操纵器,也有以虚拟图标等形式出现的虚拟操纵器。物理操纵器的人机工程设计标准已形成较为规范的标准体系,虚拟操纵器的人机工程设计标准则仍处于发展和完善中。

3.1 操纵器分类及基本设计原则

人机系统中的操纵器可以分为两大类。一类是传统的物理操纵器,如手轮、操纵杆、按键和按钮等,习惯上称其为"硬"操纵器。另一类是基于计算机显示界面的虚拟操纵器,如弹出菜单、下拉菜单和滚动条等,习惯上称其为"软"操纵器。在人机界面中,硬操纵器与软操纵器常常是结合使用的,例如,用键盘等硬操纵器操纵计算机界面上的图标等软操纵器。

3.1.1 操纵器分类

根据人与操纵器的接触方式不同,操纵器可分为硬操纵器与软操纵器。

硬操纵器的控制功能是通过人与操纵器的直接物理接触实现的。因此,硬操纵器的人机界面设计应考虑操纵器的操纵力、形状和尺寸。为避免发生干涉和误操作,操纵器之间还应保持一定的间距。同时,操纵器还应放置在人手(或脚)的触及域内。

软操纵器的控制功能是通过在软件界面上点击图标或拖动滚动条等动作实现的。因此,软操纵器的设计不涉及操纵力。操纵器的形状、尺寸和间距也与手(或脚)的尺寸无关,而更多的与人的感知特性和软操纵器的定位精度有关。此外,软操纵器不仅可以控制设备,还可以控制计算机软件界面本身。表3-1为硬操纵器与软操纵器的特性对比。

表3-1　硬操纵器与软操纵器的特性对比

比较项目	硬操纵器	软操纵器
空间位置	空间位置固定	空间位置往往不固定,并可以有多个位置。它可以位于多个显示器或同一个显示器的多个显示页面内
显示方式	以并行的方式同时呈现在人机界面上。用户通过视线扫描就能确定操纵器的状态	通常位于多个显示页面内,用户很难一次同时看到它们,只能以串行的方式一页页地看
可见性	位置固定,且随时可见	空间位置不固定,且不一定随时可见。常常需要从显示系统中查找它们
耦合性	要求与关联的显示器位置相邻,用户在执行输入操作时可随时观察显示器的变化	操纵动作和呈现的反馈可能是一种松散的耦合。用户可能在一个地方执行操纵动作而在另一个地方读取显示信息。操纵和显示位置的物理解耦将导致不同于硬操纵器的监控要求
界面功能	只有设备操纵功能	既有设备操纵功能,也有界面管理功能。操纵设备与界面管理常用相同的操纵器和显示器,例如,用一个鼠标和视觉显示终端打开一个显示界面,同时也可以用这个鼠标和视觉显示终端对设备进行操纵

比较项目	硬操纵器	软操纵器
操纵模式	一般仅用于完成一种操纵功能	可以完成一系列操纵功能,每种操纵功能代表不同的操纵模式。例如,模式1执行功能A,模式2执行功能B。操纵模式由软件定义,可选择的操纵模式通过显示界面告知用户
功能复杂性	一般一次操作只能完成一个操纵动作;通过设置,一次操作也可以完成多个操纵动作	动作由软件定义,一次操作可完成多个操纵动作;由软件定义的操纵功能可以产生更加复杂的关联操纵
界面灵活性	人机界面形成后不易改变	可以根据需求和使用条件的变化改变用户界面设计。用户可以根据目前的需要或个人喜好设计操纵器和与其关联的显示信息的位置

3.1.2 操纵器基本设计原则

硬操纵器和软操纵器的差异主要是实现控制功能的方式不同,但都是操作者用于操纵机器或调整系统工作状态的装置。他们既有共同的设计原则,也有专用的设计原则。硬操纵器与软操纵器共同的基本设计原则如下。

（1）操纵装置应满足用户任务要求,并提供视觉或听觉反馈,证明系统已经接收操纵输入。应防止操纵器的意外操纵而导致的系统功能、元件或数据的改变。在用户的操纵位置,应保证操纵器可操纵。操纵器或操纵方法的精确性应与该操纵器的功能相称。

（2）每个操纵器都应该是必须的、占据空间最小且对其任务来说是最简单有效的。操作者穿着防护设备时,应保证操纵器易于识别、触发或使用。当需要严格地按顺序触发时,应为操纵器提供明显位置标识和锁定机构,避免操纵器跳过某个位置。同时,操纵器的运动应符合人的固有习惯。

(3)操纵器的编码系统在整个人机界面上应该是一致的。通过绝对尺寸来识别操纵器时,其尺寸不应超过三种。执行相同功能的操纵器,其尺寸应相同。应优先考虑按外形来区分操纵器。操纵器的颜色和背景应形成对比。当颜色编码用于操纵器和与其相联系的显示器时,该显示器和操纵器的颜色应相同。操纵器的布置应易于与其功能和功能组联系。从一个面板到另一个面板,具有相似功能的操纵器应布置在相同的位置。

3.2 硬操纵器设计

硬操纵器可以分为两类。一类是与计算机系统配合使用的操纵器,如键盘、鼠标和触摸屏等,称为计算机输入设备。另一类是传统的物理操纵器,称为常规操纵设备。

3.2.1 计算机输入设备

常用的计算机输入设备有键盘、轨迹球、操纵杆、鼠标、触摸屏、光笔和绘图板等。

1. 键盘设计

键盘由字母数字键盘、光标键、数字键盘和功能键组成(见图3-1)。键盘的布局应该符合美国国家标准协会(ANSI standard)的标准。

字母数字键盘是标准键盘的一部分,是主要的输入键盘。

光标键主要用于处理文本文件时向上下左右四个方向移动

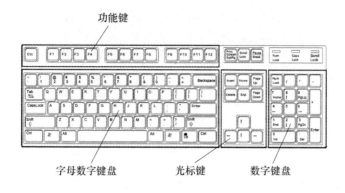

图 3 - 1 键盘的布局

光标。光标键的布置应该与其控制的光标运动相匹配。图 3 - 2 为可选的光标键布局形式。

图 3 - 2 可选的光标键布局形式

数字键盘用于快速输入数据。图 3 - 3 为可选的数字键盘布局形式。

功能键用于执行某些常用的控制功能。Esc 键的功能是强行中止或退出,F1 ~ F12 键的功能由运行的软件定义。在工程应用中,不活动的功能键应该被禁用,不需要的功能键则不应该出现在键盘上。

功能键应进行逻辑分组,并放置在键盘的特定位置上。功能键的使用应具有一致性,其功能应该通过一个操作动作

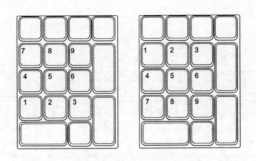

图 3－3　可选的数字键盘布局形式

即可实现。长时间按压功能键不应产生重复动作。当可变功能键的作用发生变化时,应该显示键的当前状态。当用户重新定义功能键而使其功能发生改变时,应给用户提供一种简单的方法,使其返回到初始的功能。不要用 Shift 键操作可变功能键。

键盘不应该用机械物覆盖,键的表面应该采用亚光效果。

键盘的厚度可选 50mm、30mm 或者更小。

键盘的倾角应该可调,与水平面成 15°～25°。

键的顶面宽度应大于等于 12mm,键的高度应为 10mm ～ 13mm。键上的主要符号高度应大于等于 2.5mm,与背景颜色的亮度之比应大于 3∶1。键上的符号应采用蚀刻以防止磨损,并配以高对比度颜色的印字。

相邻两按键中心线之间的距离,在水平方向应为 18mm ～ 19mm,在垂直方向为 18mm ～ 21mm。

最大按键力应为 0.25N ～ 1.5N,最优按键力为 0.5N ～ 0.6N。键最大的垂直位移应为 1.5mm ～ 6.0mm,最优的位移应为 2.0mm ～ 4.0mm。按键的动作应该伴有触觉或者听觉反馈,或者二者兼而有之。

2. 鼠标、轨迹球和操纵杆设计

鼠标、轨迹球和操纵杆都是用于移动光标和选择操作对象的计算机输入设备(见图3－4)。

(a)   (b)   (c)

图3－4　鼠标、轨迹球和操纵杆
(a)鼠标；(b)轨迹球；(c)操纵杆。

鼠标、轨迹球和操纵杆都应能产生X轴和Y轴输出值的任何组合。光标应能平稳地追踪鼠标、轨迹球和操纵杆的运动方向,用户操纵时应没有明显的间隙或交叉耦合感。如果有"起始位置",操纵器应该具有自动回到起始点的能力。

使用鼠标、轨迹球和操纵杆时,屏幕上的选项或区域应有足够的间距,以避免相邻选项或区域被不慎激活。用户应该能够从预定义范围中选择比较适中的跟踪速度,即操纵－显示的比率。操纵－显示比率和动态特征应该满足快速定位及平稳精确定位的双重需求。操纵－显示比率应该考虑屏幕的大小和最大操纵位移。应保证在操纵器行程范围内使光标从屏幕一侧移动到另一侧。如果一个按钮需要多次点击,用户应该能够从预定义范围中选择点击之间的时间间隔,默认的间隔应适中。

鼠标的基本操作包括定位、单击、双击、拖动、右击和滚动。表3－2为鼠标基本操作的用途。

表 3 - 2　鼠标基本操作的用途

基本操作	用　途	操纵动作
定位	将光标指针移动到选择的操作对象上	移动鼠标
单击	选定操作对象	在选择的操作对象上单击鼠标左键
双击	打开窗口或启动应用程序	在选择的操作对象上双击鼠标左键
拖动	选择多个操作对象,复制或移动对象等	按下鼠标左键,移动鼠标到指定位置,再释放按键
右击	打开操作对象的快捷菜单	在选择的操作对象上单击鼠标右键
滚动	翻页或滚动屏幕	用手指滚动滚轮

　　轨迹球与鼠标功能相同,只是定位光标指针的方式略有不同。轨迹球是通过拨动轨迹球上面的球来实现移动光标指针和选择操作对象的,球座相对工作台台面不动。由于轨迹球球座工作时不需要移动,所需的操作空间小,多用于工作台面面积受限的场合。工程应用中常将轨迹球球座镶嵌在工作台面上,以避免与其他设备干涉。

　　设计中应该考虑惯用右手或左手的操作者。当轨迹球和鼠标用来做精确或连续调整时,应该提供手、手腕或手臂的支撑。

　　操纵杆是通过杆的空间运动定位光标指针的。根据工作原理的不同,操纵杆可分为力操纵杆和位移操纵杆。当定位精度比定位速度重要时,位移操纵杆优于力操纵杆。当定位速度比定位精度重要时,力操纵杆优于位移操纵杆。位移操纵杆通常比力操纵杆省力,长期操作不易疲劳。而力操纵杆适用于需要操纵器精确地回到中心、控制本身以视觉反馈为主和系统反应延迟非常小的场合。

　　力操纵杆的输出应该与用户感知的作用力大小成正比,且方向一致。饱和输出时最大操纵不得超过 118N。应保证在所有方向运动平稳,光标定位无间隙和交叉耦合感,不需多次纠正就能完成所需定位。当用于自由绘制图画时,显示的光标的重现率应该足够高,以使光标的轨迹看起来连续。

位移操纵杆的输出应该与操纵杆偏离中心的位移成正比,且方向一致。运动应该不超过中心位置45°。当手移开时,阻力应足以保持操纵杆的位置。

操纵杆握柄的长度应为110mm~180mm。握柄直径应不超过50mm。为提供手的抓握空间,操纵杆距两侧的间距应大于100mm,到背面的间距应大于50mm。

3. 触摸屏、光笔和绘图板设计

触摸屏是通过手指或其他物体接触显示器前端的触摸屏幕实现光标移动和操作对象选择的计算机输入设备(见图3-5(a))。

考虑到手指尺寸和视觉的误差,触摸屏反应区域的高度和宽度尺寸应为15mm~40mm,间距应为3mm~6mm。触摸屏启动需要的操纵力最高应为0.25N~1.5N。触摸屏涂层应采用色彩还原性好,且不影响颜色编码的中性色调。

触摸屏显示器应该有足够的亮度,以保证在预期环境中安装的触摸屏清晰可读。

需要长时间抬起手臂触摸屏幕的操作任务不建议使用触摸屏。同时,不应该频繁、交替使用触摸屏和键盘。

光笔是通过光敏传感器向计算机输入字符或光标位置信息的计算机输入设备(见图3-5(b))。

光笔用于不要求精确定位的非重要输入中。光笔相对于参考位置的位移应引起跟踪器相应的位移。跟踪器应显示出光笔选择的点的相应坐标值。需要长时间保持光笔与屏幕接触时不应该使用光笔。同时,不应该频繁、交替使用光笔和键盘。

光笔直径应为 7mm ~ 20mm,长度应为 120mm ~ 180mm。当光笔不使用时,应该放在固定的支架上。

绘图板是通过采点工具在电磁感应板上读取点的位置信息的计算机输入设备。采点工具可以是笔,也可以是鼠标(见图3 - 5(c))。

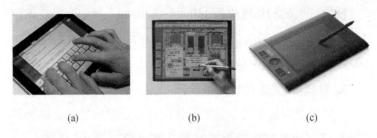

(a)   (b)   (c)

图 3 - 5　触摸屏、光笔和绘图板

(a) 触摸屏;(b) 光笔;(c) 绘图板。

绘图板的作用类似于键盘和鼠标,既可用于文字、符号和图形等输入,也可用于光标定位。

为了防止误操作,光笔和绘图板应该配备启动和关闭装置。应提供有关跟踪器位置、定位设备启动和系统收到输入的反馈。反馈信息可以用跟踪器(如一个圆圈或十字线)的形式显示或加亮。

当作为二维操纵器时,定位设备在屏幕或写字板表面上沿任何方向移动,都应使跟踪器沿相同的方向平稳移动。定位设备在显示屏上任何位置都应该引起跟踪器在相应的坐标位置出现,并且保持稳定。跟踪器的刷新率应该足够高,以确保移动的轨迹连续。

对于触摸屏和光笔,只要定位设备接触屏幕跟踪器,就应该在屏幕上可见。

当使用多个触摸屏、光笔或绘图板时,应使用不同的"嘟嘟"声反馈。

3.2.2　常规操纵设备

常规操纵设备主要有按压式操纵器、旋转式操纵器和其他操纵器。常规操纵器的设计要素有形状、尺寸、行程和操纵力等。这些设计要素的参数值随操纵器的类型和人的操纵部位的变化而变化。

1. 按压式操纵器设计

常用的按压式操纵器有按钮和刻字按钮两类。按钮操纵器设计应遵循以下原则。

按钮应按逻辑顺序成行或成矩阵布置,或按有关的程序顺序布置。按钮表面应提供防侧滑功能或做成凹面。为保证用户获悉按钮已被按压至触发距离,应提供触发指示。

表 3-3 为按压式操纵器的设计要点。

表 3-3　按压式操纵器的设计要点

按钮类型	设计要点			
	形状	(直径/边长)/mm	行程/mm	操纵力/N
圆形按钮	圆形	用食指按:10~25 用拇指按:19~25 用手掌按:40~70	用食指按:2~6 用拇指按或手掌按:3~38	用指尖操作:2.8~11.1 用拇指按或手掌按压:2.8~22.2
刻字按钮	正方形	用食指按:19~38	用食指按:3~6	用食指按:2.8~16.7

对于表面刻字的刻字按钮,除了有形状、尺寸、行程和操纵力的设计要求外,还应考虑易辨别、可读性和维修性的设计要求。例如,刻字按钮与刻字指示灯应易于区别。在所有环境条件下按钮上的刻字都可读。按钮内的灯泡应能从面板前面更

换。在拆卸或更换刻字按钮灯泡时不应发生短路或意外触发等。

2. 旋转式操纵器设计

旋转式操纵器包括 J 型手柄、钥匙开关、连续控制旋转式操纵器和旋转选择操纵器。旋转式操纵器设计应遵循以下原则。

旋转式操纵器的标度值应按顺时针旋转方向增加。功能不同的旋转式操纵器如果布置在同一个面板上,应采用外形编码。采用外形编码的旋转式操纵器应在视觉和触觉上都可识别,不易相互混淆。

当使用 J 型手柄时,手柄部分的末端应采用扁平形或鱼尾形。这样既便于手指把握,又可减少手柄与面板之间所需的容指间隙。

钥匙开关用于防止未经授权的人员执行启动或关闭动作。单排齿钥匙插入锁孔时,钥匙齿应向上或向前。双排齿钥匙无论哪一边向上或向前都应该可以将钥匙插入锁孔。锁孔的方向应使钥匙在垂直位置时处于"断开"或"安全"状态。只有在"断开"或"安全"的位置,钥匙才能从锁中拔出。从关闭位置顺时针旋转钥匙开关为启动动作。

连续控制旋转式操纵器外形应是带有凸边或锯齿边的圆形。当需要指示位置时,在操纵器顶部和下部边缘应画出刻度线。

当需要 2 个或更多挡位时,应使用旋转选择操纵器。为保证旋转选择操纵器的正确定位,在每个操纵位置都应提供制动器。为提高可读性,旋转选择操纵器应有一个运动的指针和固定的位置标度。具有回弹手感的瞬时接触式旋转选择操纵器的旋钮应足够大,使之易于克服弹簧力矩而不会使人疲劳。

表3-4为旋转式操纵器的设计要点。

表3-4 旋转式操纵器的设计要点

名 称	示意图	设计要点
J型手柄		长度 $L = 95\text{mm} \sim 150\text{mm}$ 空隙 $C = 32\text{mm} \sim 50\text{mm}$ 宽度 $W = 16\text{mm} \sim 25\text{mm}$ 位移 $A = \pm24° \sim \pm60°$
钥匙		位移 $A = 60° \sim 90°$ 高度 $H = 13\text{mm} \sim 75\text{mm}$
连续控制旋钮		直径 $D_k = 19\text{mm}$,高度 $H_k = 19\text{mm}$ 直径 $D_s = 50\text{mm}$,高度 $H_s = 6\text{mm}$
旋转选择开关		长度 $L = 25\text{mm} \sim 100\text{mm}$ 宽度 $W \leqslant 25\text{mm}$ 高度 $H = 16\text{mm} \sim 75\text{mm}$ 位移 $A = 15° \sim 40°$ 位移 $A = 30° \sim 90°$(对于特殊工程要求(如穿着防护服)或触觉(盲视)定位)

3. 其他操纵器设计

除上述类型操纵器外,还有指轮、滑动开关、扳钮开关和摇臂开关等操纵器。

指轮操纵器应保证从指轮的操纵位置能看到它的读数。如果指轮作为输入设备,则应对断开、零位和正常位置进行编码,以便从视觉上识别指轮的状态。连续控制指轮的圆周部分至少裸露25.4mm,以便于操作。

滑动开关的表面应做成锯齿状。每个滑动开关装置必须有制动器。在意外触发会产生不良后果的情况下,应提供通道保护或其他预防措施。滑动开关应在垂直方向滑动。滑动开关位置超过两个时,应提供操纵装置的正方向指示,在滑动手柄的左边设置一个指针。

为尽量减少意外触发和停在两个操纵位置之间的可能性,扳钮开关应有一个弹性阻力。该阻力随着操纵器的移动而增加,当开关突入预定位置时则突然消失。扳钮开关应发出一个可以听见的"咔嗒"声,或提供一些其他的触发反馈信息。

摇臂开关应垂直方向放置。触发动作应以一个有明显手感的、可听见的"咔嗒"声或一个指示灯来指示。操纵器的阻力应逐渐增加,当操纵器的开关突入预定位置时则立即消失。当摇臂开关控制重要的功能时,该开关应使用通道保护或预防措施,以避免意外触发。

表3-5为指轮、滑动开关、扳钮开关和摇臂开关操纵器设计要点。

表3-5 指轮、滑动开关、扳钮开关和摇臂开关操纵器设计要点

名称	示意图	设计要点
指轮		直径 $D = 30mm \sim 75mm$ 槽长 $L = 11mm \sim 19mm$ 宽度 $W = 3mm$ 槽深 $H = 3mm \sim 6mm$ 间隔 $S = 10mm$

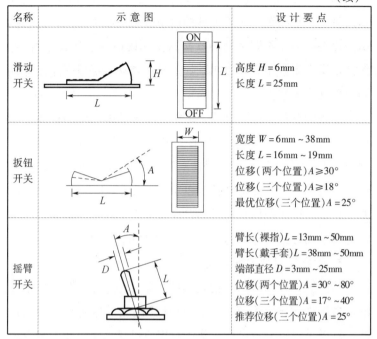

名称	示 意 图	设 计 要 点
滑动开关		高度 $H=6\text{mm}$ 长度 $L=25\text{mm}$
扳钮开关		宽度 $W=6\text{mm}\sim38\text{mm}$ 长度 $L=16\text{mm}\sim19\text{mm}$ 位移（两个位置）$A\geqslant30°$ 位移（三个位置）$A\geqslant18°$ 最优位移（三个位置）$A=25°$
摇臂开关		臂长（裸指）$L=13\text{mm}\sim50\text{mm}$ 臂长（戴手套）$L=38\text{mm}\sim50\text{mm}$ 端部直径 $D=3\text{mm}\sim25\text{mm}$ 位移（两个位置）$A=30°\sim80°$ 位移（三个位置）$A=17°\sim40°$ 推荐位移（三个位置）$A=25°$

3.3 软操纵器设计

软操纵器是相对于硬操纵器而言的。硬操纵器采用物理接触的方式操纵,每种操纵器都有一个对应的物理实体形态。软操纵器的操纵方式并非传统的物理接触方式,因此,很多软操纵器并没有与之对应的物理实体形态。软操纵器的含义较硬操纵器要宽泛得多,命令语言、菜单、功能键、表格、问答对话以及语音对话等都是软操纵器,用于软操纵控制。

3.3.1 软操纵器基本设计原则

1. 基本设计原则

软操纵器应采用一致的界面设计形式和一致的编码含义,

并与用户所熟悉的标准和惯例保持一致。与软操纵器相关的显示信息应邻近布置。对于关键的设备参数应有极限值标志和指示操作的限制。不同类别的软操纵器编码应易于快速区分,并保证在所有观察距离和照明条件下易于辨认。尽量采用图形编码表现动作属性。

如果图标用于操纵动作,那么应有指示该动作的标签。图标应尽可能是简单、封闭的图形。采用抽象符号编码时应符合用户惯例,且每个图标和符号应只代表一种操作,并易于与其他图标和符号区分。图标和符号的方向应始终处于垂直位置,以便于正常认读。图标和符号的尺寸应大到能让用户感知。当用户选择某图标或符号时,该图标或符号应能突出显示。

2. 软操纵对象的显示设计

软操纵对象的显示包括软操纵器显示、输入数据区显示和输入数据格式显示等,它们是通过计算机显示界面呈现给用户的。软操纵对象显示设计的优劣对用户可靠地使用软控制系统至关重要。

1)操纵对象的显示设计

操纵对象包括被控制的元件和变量。常用的操纵对象显示形式有模拟显示和列表显示两种。操纵对象选择的显示设计应满足以下要求。

元件和变量的显示应易于区分。例如,用模拟图来显示元件,用列表来显示变量。不同元件或变量之间的显示应易于区分。应采用标准的符号来表示元件或变量,以减轻用户的心理工作负荷。应清晰地标注多回路控制器上的回路,避免由于选择了错误的回路而导致控制错误的变量。

2)输入数据区的显示设计

输入数据区是指用于提供输入的显示区域。输入数据区的显示设计原则如下。

当用户注视输入数据区时,用户应该能够确定哪个元件或变量正在被操作。要用足够的信息对输入数据区进行标注,以便唯一地确定该区域所对应的元件。应易于从输入数据区获得显示,以便用户可以核实操纵动作已经产生期望的效果。

3）输入数据格式的显示设计

输入数据格式是指输入数据的形式。输入数据格式的显示设计包括离散式输入、连续式输入、滚动条输入和箭头按钮输入。

离散式输入是指用户从有限的选项中选择输入。最常用的离散式输入界面是单独的按钮或一组单选按钮。某些计算机界面采用连续输入查看一组独立的选项。采用连续输入选择某一设置时很容易忽略,此时采用带箭头的按钮会更好。

离散式输入的选项应明确标注,并为具有多种设置的离散输入界面提供反馈,指明选择了哪种设置。如果离散式输入界面有连续操纵的要求,应提供当前状态的连续反馈。连续式输入操纵器持续产生作用,直到用户给出下一个输入,或者直到预定义的动作序列完成。例如,连续式输入按钮被按下后会保持按下的状态,只用当再次按压时才会弹起。再如,复选框按钮被选择后会指示该选项已被选中,只有该选项被取消时,选中的状态指示才会消失。

连续式输入用于需要连续精确调节或显示很多选项的场合。连续式输入界面所需时间和注意力多于离散式,当选项较少时,不适合用于离散式输入的场合。

当需要显示可用值的范围和显示该范围的比例的时候,可考虑使用滚动条作为输入装置。

滚动条是一种在变量值设定范围内直接操纵该变量的输入形式。它通过单击滚动条两端的箭头按钮或者拖动滚动条里的滑块改变输入变量。滑块通过定位设备操纵，如鼠标，这种操纵需要眼和手的协调一致，以保证定位装置既不离开滚动条的线性路径，又不会错过预订目标。如果用户任务不允许精细的手眼协调，那么可以使用滚动条两端的箭头按钮。

值域应标注在滚动条上。在水平滚动条上，小的值在左侧，大的值在右侧；在垂直滚动条上，小的值在底部，大的值在顶部。滚动条设定的数值应以数字的形式显示在滚动条上。

滚动条的实际尺寸应允许用户显示当前位置和目标位置，并以要求的精度、准确度和反应时间定位滚动条。滚动条的长度在某种程度上取决于其描述的值的范围、单个值之间的增量、读取滚动条位置要求的精度和用户期望的观察距离。

滚动条的定位精度可能会受输入设备的影响。例如，与受手指不规则形状及大小影响的触摸屏相比，鼠标设备定位会更精确。一个非常短的滚动条或许很难阅读和准确定位。一个非常长的滚动条，由于必须要移动很长的距离以及需要保持定位设备在它的线性路径上，因而可能反应时间较长。

当滚动条描述的部分值域代表关键信息，如报警范围，这些值应加以标志，以方便识别。图形编码可用于区分正常运行范围、报警范围和其他异常运行范围。

当箭头按钮用来增加或者减少当前值的时候，应被视为输入设备。当按下增加或减少箭头按钮时，箭头按钮改变数值。如果箭头按钮保持按住状态，数值可以连续变化。这些输入提供改变量的反馈（例如，量的增加伴随按钮被按次数和压住时间的增加而增加）。这些反馈可能减少产生重大错误的可能性或者增加检测出错误的可能性。有些控制界面有两组箭头按钮，一组为微调，一组为粗调。

箭头按钮应该有一个显示，指示操纵变量的当前值。当前值显示的格式应与被控制的变量的类型一致。数值变量值应用数字表示，文本变量应该用文字表示（如低、中和高）。

每次按压箭头按钮产生的值的变化应一致。当按压箭头按钮时应提供跳跃的反馈。当箭头按钮保持按下的状态时，应有持续的反馈；当短暂地按下时，应有短暂的反馈。

当箭头按钮的操作不容易懂时，应采用标签或其他编码。例如，用箭头按钮改变日期，按钮动作能否递增地改变日期，并且在到达月末的最后一天时改变月份，或者分别由用户选择日期值和月份值。此时应对箭头按钮加标签或编码来指示它们的作用。

输入连续变量时应提供连续变量参考值，帮助用户判断数值的适当性。参考值常用于过程控制，包括变量的范围、报警范围和当前值。参考值可以以数字或图形的形式表示。

3.3.2 软操纵器设计

1. 软操纵器的类型及特点

软操纵器包括命令语言、菜单、功能键、宏命令和可编程功能键、表格、直接操纵、自然语言、问答对话以及语音对话等。

1）命令语言

命令是用户通过键盘或类似设备输入的计算机指令，用以请求计算机系统执行特定的操作。命令语言要求用户必须从记忆中搜索相应的命令。

2）菜单

菜单是一份可供用户选择的选项显示清单。菜单广泛应用于以计算机为基础的人机界面中。菜单列出了用户的可选项，用户仅需要确认要选择的项目而不必记忆他们。菜单的主要特征包括菜单类型、菜单结构、组织方式、菜单面板设计和交互的方法等。

菜单类型有整页菜单、弹出式菜单和下拉式菜单等。整页菜单是指整个显示页面上都是菜单，弹出式菜单以窗口的形式叠加在当前显示页面上，下拉式菜单向用户提供附加的选项。

菜单结构主要指菜单的广度和深度。菜单广度是指特定面板上菜单选项的数量。菜单深度是指菜单层次结构的数量。设计菜单结构时，广度和深度是可以互换的。在极端情况下，浅的菜单结构的一个层次可以包括所有选项，即所有选项都可以从菜单面板访问；而深的菜单结构可以把每个选项都分配到不同的层次，即每个选项下面的其他选择只有一个。

菜单组织方式是指菜单的分组或排列方式。菜单可以按概念关系分组、按选项名称的字母顺序排列、按每个选项的使用频率排列、按每个选项的使用顺序排列，以及按多种组合方式混合分组等。例如，开始菜单一般由使用非常频繁的选项组成一组，其余组的菜单选项可以按字母顺序排列、使用频率排列或概念关系等方式组织分组。

菜单面板的设计可以采用文字、图形或文字与图形组合的方式。例如，图标后面跟着文本形式的选项名称。

菜单交互通常采用光标、输入文字或按功能键。有些菜单有默认辅助选择机制，以减少用户的操作。

3）功能键

功能键是键盘上用于特定预定义操作的单个按键。当按下一个功能键，指令被发送到计算机系统，计算机执行该预定义的操作,例如调用一个预定义的显示。功能键设计的一个重要因素是键控操作和执行的功能之间的关系。单键控要求按下单个键,双键控需要同时按下多个键。双键控功能键必须与 Shift、Alt 或 Ctrl 键结合。此外,功能键可能有多种模式,在每种模式下,一个特定的功能键可以执行不同的操作。

4）宏命令和可编程功能键

宏命令是由多个命令组成并重新定义为一个命令的命令。当按下宏命令功能键时,一系列命令将被执行。可编程功能键是一个按键,用户可以为其指定一个功能或是宏命令。宏命令和可编程功能键是功能键的特例,是一种用户自动管理界面任务的手段。

5）表格

表格是由若干行与列所构成的,含有类标签和用户输入数据空白处的一种有序的组织形式。在表格对话中,用户将命令或信息输入到数据字段。表格通过减少操作员需要记忆的信息类型和允许的输入来减轻界面管理任务。命令输入表格用于帮助用户编写命令,信息输入表格用于要求用户指明信息的任务。表格可以进行错误检查,以确定它们是否在允许的范围内。表格也可以输入数据字段的默认信息,以便于使用。

6）直接操纵

直接操纵允许用户操作可视化对象,完成操纵任务,例如,通过点击某个图标打开它的显示。以模拟形式显示的图标代表特定部件、系统或功能。点击这些图标可获得与这些部件和系统相关的信息,或显示一个操作它们的界面。例如,用于操纵显示窗口的界面经常含有按钮和滚动条,用于开/关窗口、调整窗口尺寸、移动窗口、以及翻滚窗口的内容。

输入信息由指点设备操纵的图标来提供,计算机按呈现的图标或信息运行,反馈通过图标的变化呈现。例如,删除一个文件时,该文件的图标消失,并成为垃圾桶里的一个图标。

7) 自然语言

在自然语言对话中,用户使用一个受限子集组成的自然语言组织输入。其目的是为了使用人类高度发达的自己的语言与计算机通信,避免用户需要学习人造语言。

8) 问答对话

问答对话是计算机每次给用户提出一个问题并由用户回答的一类对话。尽管用户必须回答计算机提出的问题,但是由于对话问答具有明确的结构而受到用户欢迎。问答对话的答案一般通过键盘输入,它们可能是预定义的对话术语,例如,是/不是,增加/减少,也可能是一个任意的数据,如一个控制设定值。问答系统应该允许用缩写回答,以减少击键次数。根据收到的回答,系统确定下一个提问的问题。如果用户输入了不恰当的回答,系统可能会发出错误信息,并再次提出这个问题。这个过程可以重复,直到用户给出了一个可接受的回答。

9) 语音对话

语音对话允许用户提供口头输入,并由计算机解释成数据或命令。语音命令由语音识别系统解释,他可以依赖或不依赖讲话的人,后者具有允许任何人输入命令的优点,其代价是可靠性低,即意味着理解和识别错误的概率较高。依赖于说话人的系统要求个体用户用他的声音特色训练系统,这样的系统可靠性较高。若使用有限的词汇,语音识别系统可以更可靠地运行。

对话类型的选择要基于预期的任务要求、用户技能以及预期的系统响应时间。表 3-6 为用户任务与对话类型选择。

表 3－6 用户任务与对话类型选择

任务/对象	命令语言	菜单	功能键	宏命令和程序键	表格	直接操纵	自然语言	问/答	语音
任意的输入序列	√					√			
减少手动操作									√
不可预测恢复							√		√
宽范围控制输入	√								
频繁操纵/处理			√	√					
小的命令集合		√	√						
复杂操纵			√	√	√				
大的命令集合		√		√					
例行数据输入								√	
输入顺序约束								√	
需要输入数据灵活性					√				
少量任意数据输入		√				√			
慢的计算机响应时间					√				
快的计算机响应时间		√							
高度训练的用户	√								
中度训练的用户					√	√		√	
没有训练的用户		√				√		√	√

2. 菜单和光标设计原则

菜单是软操纵中经常使用的,光标是用户操纵屏幕对象的主要手段。菜单和光标的设计原则如下。

1）菜单设计原则

（1）基本原则 菜单选项应该显示在工作区。菜单在屏幕中的显示位置应保持一致。所有任务都应采用一致的输入提示。在不同的显示页面上,菜单选项列表在措辞和排列上应保持一致。如果菜单选项是可变的,共同要素应与可变要素之间保持物理联系。例如,一个菜单上的 SEND 命令出现在 EXIT 上面,在其他菜单中,它就不应该出现在 EXIT 的下面。同时,也不能用 SUBMIT 来代替 SEND。

永久菜单需要专用的显示空间和较多的翻页活动。因此,永久菜单的使用应该最小化。应尽量采用用户请求菜单,即下拉菜单和弹出菜单。下拉菜单和弹出菜单具有不同的优势。下拉菜单可以为用户显示可用的命令类别,用最少的动作实现视觉访问、项目选择或菜单删除,而弹出菜单可以在屏幕上选择操作的位置,直接进入相应的菜单。下拉菜单和弹出式菜单应该在用户请求菜单显示时激活,而不应该仅因为光标从菜单标题上掠过而激活。当下拉式菜单或弹出式菜单的选项已经选定并且已经执行后,菜单应恢复为隐藏状态。

菜单应有别于其他显示信息。菜单的设计应能显示所有事项的选择项,而菜单的显示则应该仅显示在当前环境下实际可用的可选项。如果用户选择了一个显示的选项,然后又被告知该选项不可用,用户会感到困惑。应该为菜单选项提供说明,使用户明白菜单的功能。

菜单层次结构中菜单的数目、菜单栏中菜单类别的数目、弹出菜单的数目应该适度,应便于使用层次菜单结构从父菜单中选择项目激活子菜单。父菜单在子菜单的选择过程中应保持可见。

应限制层次结构的数量。每个菜单选项列表中应该有 4 个 ~8 个选项。应避免只有两个选项的菜单。不应该使用只有一个选项的"菜单"。当提供等效的键盘命令时,它们应该作为菜单选项标签的一部分来显示。

经常使用的菜单选项应该一直在屏幕上,同时不应该遮盖其他数据。偶尔使用的菜单选项可以根据需要显示。如果菜单上的一个选项使用较多,那么它应该被突出显示。突出显示和默认选项可辅助搜索和选择。例如,将光标自动定位在默认选项上,或使默认的文本字符串自动出现在输入区等。

使用可视化分组可以方便视觉搜索。对于难以分类且选项较多的菜单,应该采用可视化分组。没有进行分类的菜单可通过空间或线条划分成可视化的组。该分组应尽可能大小相等,每个小组由 4 个 ~7 个选项组成。

光标的初始位置可以减少不必要的视觉搜索和光标移动。当第一次显示一个菜单时,光标应定位到这个菜单。应将光标定位在菜单中选择概率最高的选项旁边。如果选择概率相同,那么光标应定位在第一个选项的旁边。

可以采用菜单宏功能实现更快的访问。菜单宏功能允许用户通过一个命令执行一个导航路径。与顺序访问一系列菜单相比,这种能力可以减少导航的步数。

对显示系统中的项目,应提供多个导航路径。导航显示系统中的多个导航路径应适应不同的用户经验。经验丰富的用户应该允许使用快捷方式,如"预输入"或"跳跃前进",以减少浏览显示选择系统所需的界面管理操作。

如果空间允许,应采用可视化的方法描述菜单结构,辅助用户导航。

(2)菜单排列　菜单选项的排列和分组应符合逻辑。例如,在垂直选项列表中,下一级子类应缩进排列。如果没有明显的逻辑结构,那么使用频率最高的选项应排列在第一位。不能按逻辑规律排序的,应该按字母顺序排列。菜单上的选项顺序应该保持固定不变。

单列显示多个菜单选项时,每个选项应显示为一行。当单列显示空间不足时,可采用多列,但每个选项的显示仍占一行。

(3)层次菜单 如果菜单选项以逻辑方式分组,那么每组应有描述性的标签,且该标签应明显区别于选项标签。当菜单选项很长,不能一次显示所有的选项时,应提供分级菜单选择序列,而不是一个很长的多页菜单。层次菜单的显示格式和选择逻辑在各个层次应该是一致的。为指导用户学习,层次菜单应加标签。如果以菜单结构图作为"帮助",会使用户学习得更快。

用户应能通过层次菜单访问用可视化方式表示的菜单路径。当用户必须通过菜单所列步骤进行选择时,应尽量通过层次菜单的结构设计减少所需的步骤。用户应该只需采取一个简单的动作就能返回到上一个更高层次的菜单。当使用层次菜单时,应该有指示用户在菜单结构中当前位置的信息,如菜单结构图等。如果使用层次菜单,下级菜单应该在视觉上与前一个上级菜单项相区别。控制选项应有别于菜单分支,使实际完成控制输入的选项能从菜单选项中区分出来。用户应该能通过一个键返回到分层菜单的顶层。应优先使用宽而浅的菜单结构,不建议使用窄而深的菜单结构。用户应当能够直接选择菜单或子菜单,而无需通过中间的选择步骤(见图3-6)。

(4)菜单栏 应系统地组织整个菜单栏所列的类别。例如,在菜单栏左侧的类别应该是贯穿于所有(或大多数)应用的系统功能,菜单栏的右侧类别应该是专用于目前应用的系统功能。应将最常用的菜单类别和最不常用的菜单从左至右排列。

菜单栏上的类别标签应集中在垂直方向。水平方向排列的菜单栏类别标签之间,应至少有两个标准字符的宽度间隔。菜

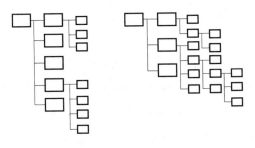

图3-6　层次菜单结构

单栏的高度应足以容纳菜单分类标签标准文本字符和标准文本字符上下两端的空间。

（5）菜单选项的选择　当菜单选择是次要的输入手段，或只有简短的选项列表时，应提供采用按键输入选项的方法。通过代码输入的菜单选项应有一个标准的命令输入区域，并且该输入区域在所有显示屏上的位置应相对固定。显示屏位于键盘上方是习惯的终端配置。命令项应在显示屏的底部，以尽量减少用户视线在显示屏和键盘之间的运动。

用户应当能够将一系列的选项合并成一个"堆垛"输入。"堆垛"的输入可用空格、斜杠、逗号或分号进行分隔。有经验的用户应该能够直接输入等效命令，从而跳过一系列的菜单选择。当菜单选择是命令输入的主要手段，特别是必须从大量的显示选项列表中选择时，应提供直接指向选项的选择。选定某菜单项时，系统应提供确认信息，如使该菜单项突出显示。

要限制用户选择相互冲突的菜单项。例如，在一个文本输入任务中同时选择两个字号。但是，用户可以选择多选菜单项。例如，同时选择文本输入的字号和字体。如果必须显示不可用的选项，那么应该从视觉上把不可用选项与可用选项区分开。例如，用灰色表示暂时不可用的选项。通过指点完成的菜单选择应提供双重激活。其中，第一个动作指示所选的选项，第二个动作指示操作输入。光标指点和输入两个动作应在设计中实现兼容。

通过指点完成菜单选择的,用于指点可选项的区域应尽可能大。该区域面积越大越容易指点,并且误选的风险也越小。具有开/关状态选择的菜单项应显示其状态的变化。菜单系统应提供选项已被选定和设备已进入可选项的反馈。选择的过程结束后,菜单系统应提供反馈指示。

(6)菜单选项的措辞和编码　菜单选项的措辞应该表示为向电脑下指令,而不是向用户提问。这意味着命令输入的主动权在用户,而不是在计算机。例如,"p = print"优于"print ?(Y/N)"的措辞。如果菜单选择与命令语言相联系,菜单选项的措辞和语法应该始终与命令语言定义的要素和结构相一致。

如果字母编码用于菜单的选择,这些字母在相关的应用中应该保持一致。相同的动作采用不同的编码,不同的动作采用相同的编码都会使用户混淆并导致操作错误。与每个选项关联的编码应该采用一致和特有的方式显示。如果菜单选项以逻辑分组,同一组菜单应该用相同的颜色。如果菜单选项采用键控编码,编码应选用选项标签的首字母,而不能采用任意字母或数字编码。有意义的编码会促进学习,减少误差。例如,用"m = Male,f = Female"比"1 = Male,2 = Female"要好。

可用的菜单选项应在光标经过的时候突出显示。对于有开/关状态选择的菜单项,应该通过菜单的突出显示来指示"开"的状态。活动的菜单项选择应该通过尺寸和颜色的变化显示给用户。

2)光标设计原则

光标是由用户驱动的计算机屏幕上的图形元素,用于操纵屏幕上的对象。光标设计原则包括以下几个方面。

（1）外观　光标应该有独特的视觉特征，如形状、闪烁或其他突出方式。光标不应该移出所显示范围或在视线范围内消失。光标不应该分散用户注意力，干扰对其他显示信息的搜索。显示的光标应该稳定，避免不必要的"飘移"。光标的初始位置应一致，且利于用户使用。对给定类型的所有显示，预定义的光标原点位置应保持一致。当用户必须重复返回光标到起点或者其他的特殊屏幕位置时，应提供光标自动返回功能。

（2）操纵　光标移动的灵敏性应该能够调节，使其与要求的任务和用户技巧一致。光标的定位控制动作应与显示的光标运动相一致。光标定位的方法应简单、准确。光标移动的步长在水平和垂直方向应一致。光标控制键的最低限度应允许光标沿水平和垂直方向移动，理想的情况应允许光标沿对角线方向移动。如果光标的移动由按键完成，那么这个按键应位于主键盘上。

（3）运动　用按键移动光标的，释放按键后光标应停止移动。光标控制都应该允许快速移动和准确定位。当要求高精定位时，显示的光标应具有点的指示特性，以及能精确定位的光标控制装置。例如，十字线具有点的指示特性，触摸屏不能精确定位。

光标运动速度应该可调。使用按键控制光标运动时，应至少提供正常和高速两种运动速度的光标键。光标的步长应随字符尺寸的变化而变化。对文本光标而言，应一次移动一个字符。

使光标进入预定义数据输入字段的操作应简单。输入动作应与光标的定位动作明确分开。光标应该"跳过"非输入区，以方便用户定位光标。

（4）多个光标　当多个用户与一个成组显示的显示器交互的时候,计算机系统会具有多个光标的特征。

尽量少使用多个光标。具有多个显示器和光标的多任务环境中,活动的光标应该显而易见。如果使用多个光标,则在视觉上应易于区分。用不同的设备操纵多个光标,每个设备的操纵运动方向和光标的运动方向应具有一致性。例如,操纵杆向前运动使被操纵的光标向上运动,那么鼠标向前运动也应使光标向上运动。一个设备控制多个光标时,应明确指示当前被控制的光标。有多个光标控制设备时,每个设备应该对应各自的光标形状。用途不同,光标形状应该不同。光标的形状应该反映系统或处理模式的状态。例如,用直线形光标指示文字处理任务中的输入位置,用箭头光标指示屏幕上的菜单等结构。

（5）指示光标　指示光标是指一个箭头或符号,它响应指示设备位置的移动,引起光标在显示器上运动。用来指示功能、对象或用户期望的选择或操作位置。

定位光标应该在任何时候都是可见的。光标可以掩盖其他字符,但不能被其他字符掩盖。指示光标不应该闪烁。指示光标应该是一个完整的图形,且不含标签。指示光标的尺寸应保持恒定不变。指示光标的运动应平稳且连续。

（6）文字输入光标　文字输入光标用于指示将要键入或复制字符的点,它们常以闪烁的垂直线或下划线符号出现。

当开始一个新任务、应用程序或新显示时,用户应该能够立刻确定文本光标的位置。如果用闪烁吸引用户注意,文本输入光标默认的闪烁速率应定为3Hz。每个窗口应该只有一个文本输入光标。文本输入光标的高度或宽度应该和与其相邻的文本字符的尺寸相同。

（7）多个显示器　多个显示器是指用户通过一个指示设备与多个显示器进行交互。

当显示器的尺寸相同,且位置彼此相邻时,光标应以平稳的、连续的运动方式从一个显示器到下一个显示器。当显示器的尺寸或方向不同,且彼此分离时,光标从一个显示器到下一个显示器会有"跳跃"的感觉,并可能导致用户失去光标的位置线索。应采用技术手段追踪多个显示器之间的光标运动。例如,唯一指定光标进入其他显示器时的进入点,使用户预先知道光标进入其他显示器时的位置,减少搜索时间。此外,采用在大屏幕上叠加小屏幕的方法也可以保持光标位置一对一的位置联系。

第4章 人机界面布局优化及应用

人机界面布局是根据一定的指标或者准则将人机界面上的元件(包括显示器和操纵器等元件)合理地布置在一定空间范围内,并使这种布局尽量符合工效学的要求,以保证人机界面能够发挥最大的功效。人机界面布局是人机界面设计的重要内容之一,控制台上显示器和操纵器的布局是否合理,不仅将直接关系到使用者认读、操纵的准确性和效率,而且关系到人机系统的运行安全和效益。由于各种优化算法在人机界面布局中的广泛应用,也将其称为人机界面布局优化。本章人机界面布局优化主要包括两方面的内容:一是确定人机界面的布局设计原则,分别建立相应的数学模型,并依据数学模型构建布局优化目标函数,将实际人机界面的布局问题抽象成为组合优化的数学问题;二是在构建的数学模型和目标函数的基础上,采用粒子群算法(PSO)进行人机界面的布局优化计算,并得到布局优化结果。

4.1 布局设计原则的建模及构建目标函数

布局设计原则是构建数学模型的基础。布局设计原则的依据是人类工效学设计标准。所以,针对元件布局优化问题,在对人类工效学设计标准进行分析后,将元件的布局设计原则确定为:重要性原则、操作频率原则、操作顺序原则、相关性原则和相容性原则。元件布局的排列方式为:在控制面板上应从左上角开始排列,应遵循从左到右或从上到下的顺序,成排或成列进行排列。考虑到待布局元件的特点,将待布局元件简化成大小不完全相同的长方形或圆形,可以不考虑显示器和操纵器的厚度,将三维布局问题简化成二维布局问题。

4.1.1　建立元件布局设计原则的数学模型

1. 重要性原则数学模型的构建

重要性原则是指根据作业元件重要程度的大小,把重要的元件布置在便利位置,以确保其重要性的发挥,提高操作的工效与系统运行的安全性。通常是将重要的显示器和操纵器布置在人的最佳视野范围内或者手部的最佳操作范围内。元件重要性的确定通常是由系统运作方面的专家和有经验的操作人员等专业人员来决定的。

不同元件的重要程度是不同的,因此需要用重要度参数来进行度量。因此,元件的重要度矩阵为

$$\boldsymbol{I} = \begin{bmatrix} I_{ij} \end{bmatrix} = \begin{bmatrix} I_{11} & I_{12} & \cdots & I_{1n} \\ I_{21} & I_{22} & \cdots & I_{2n} \\ \vdots & \vdots & \ddots & \vdots \\ I_{m1} & I_{m2} & \cdots & I_{mn} \end{bmatrix}, m, n \in N \quad (4-1)$$

式中:$I_{ij} = 0 \sim 1$,表示 i 元件由 j 专家评估重要度。

又设各个专家所占的权重分别为 q_{E1}、q_{E2}、q_{E3}、$\cdots$、q_{En} 则可将其用专家权重矩阵表示,专家权重矩阵的表达式为

$$\boldsymbol{q}_E = \begin{bmatrix} q_{Ej} \end{bmatrix} = \begin{bmatrix} q_{E1} & q_{E2} & q_{E3} & \cdots & q_{En} \end{bmatrix}^T \quad (4-2)$$

用于求取元件加权重要度的公式为

$$M = Iq_E \qquad (4-3)$$

而元件 i 的加权重要度可表示为

$$M_i = I_{ij}q_{Ej}, i,j \in N \qquad (4-4)$$

考虑到专家和操作人员的个体差异对分数的影响,所以本书建议采用层次分析法来确定专家的权重。

2. 操作频率原则数学模型的构建

操作频率原则是指将操作过程中使用次数多的元件布置在便于观测和操作的位置,以减轻作业人员的工作负荷。将比较常用的显示器和操纵器放在便于观测和操作的位置,并与其他不常用的显示器或操纵器分离开,能提高操作的速度和准确性,并减轻操作人员的生理和心理负担。

不同元件的操作频率是不同的,因此需要用操作频率参数来进行度量。这也是元件的一个固有参数。设元件的操作频率矩阵为

$$F = [f_{ij}] = \begin{bmatrix} f_{11} & f_{12} & \cdots & f_{1n} \\ f_{21} & f_{22} & \cdots & f_{2n} \\ \vdots & \vdots & \ddots & \vdots \\ f_{m1} & f_{m2} & \cdots & f_{mn} \end{bmatrix}, m,n \in N \quad (4-5)$$

式中: f_{ij} 是一个归一化参数,表示 i 元件在 j 工况下的操作频率。

又设有一个工况权重矩阵,矩阵中包含了每个工况发生的概率 q_{fj}。工况权重矩阵的表达式为

$$q_f = [q_{fj}] = [q_{f1} \quad q_{f2} \quad q_{f3} \quad \cdots \quad q_{fn}]^T \qquad (4-6)$$

用于求取元件加权操作频率的公式为

$$F = fq_f \qquad (4-7)$$

而元件 i 的加权操作频率可表示为

$$F_i = f_{ij}q_{fj}, i,j \in N \qquad (4-8)$$

3. 操作顺序原则数学模型的构建

作业过程中,某些任务的观察和操作过程可能具有一定的程序,为了方便快捷地完成作业任务,相应的作业元件应按照操作顺序进行布置。这样能保证操作具有条理性,不会因为元件布局的不合理而在面板中艰难地找寻下一个所要使用的元件,这在紧急情况下显得尤为重要,这就是操作顺序原则。

操作顺序原则是指元件应按照操作顺序进行操作。操作参数包含了两个重要的子参数,一个是元件固有操作顺序参数 L_{base},另一个是元件当前操作顺序参数 L_{now}。通过使用元件重要度 M_i 作为权重的 $|L_{now\_i} - L_{base\_i}|$ 的加权平均值,来描述当前元件的操作顺序参数 L_z,其表达式为

$$L_z = \frac{\sum_{i=1}^{n} L_i M_i}{n(n-1)} = \frac{\sum_{i=1}^{n} |L_{now\_i} - L_{base\_i}| M_i}{n(n-1)} \quad (4-9)$$

元件当前位置的顺序 L_{now} 是指元件位置初始化及更新后所处位置在界面上的顺序编号。L_{now} 表示的是元件实时的操作顺序属性,可以用于与固有参数作比较,以构建界面的操作顺序参数。L_{base_i} 为每种工况下的元件 i 操作顺序号的算术平均值乘以该工况的权重后进行相加,得到各工况下元件 i 操作顺序号算术平均值的加权平均值。其中,L_{ija} 表示元件 i 在操作顺序表中 j 工况下的第 a 个顺序号,n_{ij} 表示元件 i 在 j 工况中的顺序号总数,m 为工况总数。L_{base_i} 表示为

$$L_{base\_i} = \sum_{j=1}^{m} \left(\sum_{a=1}^{n_{ij}} (L_{ija}/n_{ij}) q_{fj} \right), a, i, j \in N \quad (4-10)$$

4. 相关性原则数学模型的构建

1) 单排元件的相关性原则数学模型

相关性是指元件操作时相邻元件间关系的密切程度。目前

评判相关性参数最常用的方法之一是计算手部移动的距离。手部移动距离越小，元件间的相关性越大。设元件的相关性参数矩阵为

$$\boldsymbol{O} = [O_i] = [O_1 \quad O_2 \quad \cdots \quad O_n]^{\mathrm{T}} \qquad (4-11)$$

式中：O_i 为在工况 i 下的手部移动的总距离。

工况 i 下的相关性系数（某工况下手部移动距离）为

$$O_i = \begin{cases} 0, & n_i = 1 \\ \sum_{n=1}^{n_i-1} \sqrt{(X_n - X_{n+1})^2 + (Y_n - Y_{n+1})^2}, & n_i > 1 \end{cases}$$

$$(4-12)$$

式中：X_n 和 Y_n 为在工况 i 下操作顺序数为 n 的元件在界面上的坐标值；n_i 为在工况 i 下操作的总步数。

将 O_i 用工况权重加权后，就是当前元件排列方案的总的相关性系数，其表达式为

$$O_z = \sum O_i q_{fi}, \quad i = 1,2,\cdots,n \qquad (4-13)$$

但是，此方法仅限于元件排成 1 排或 1 列的情况。当元件排成多排或多列的情况下，上述方法就不适用了。例如，当元件排成 4 行 5 列时，显然第 1 行第 1 列的元件与第 1 行第 5 列的元件间的距离要大于第 1 行第 1 列的元件与第 2 行第 1 列的元件间的距离，而实际上，第 1 行第 1 列的元件与第 1 行第 5 列的元件间的相关性要大于第 1 行第 1 列的元件与第 2 行第 1 列的元件间的相关性。因此，需要找到一个更为合理的表达方法。

2）多排元件的相关性原则数学模型

这里用元件间的位置差作为相关性的判定依据，用差比矩

阵表示为

$$Od = \begin{bmatrix} Od_{ij} \end{bmatrix} = \begin{bmatrix} 0 & L_{now\_1} - L_{now\_2} & \cdots & L_{now\_1} - L_{now\_j} \\ L_{now\_2} - L_{now\_1} & 0 & & \vdots \\ \vdots & & \ddots & \\ L_{now\_i} - L_{now\_1} & \cdots & & 0 \end{bmatrix}$$

$$(4 - 14)$$

对差比矩阵进行方差运算,由此将布局相关性参数表示为

$$O'_z = \frac{\sum_{i,j=1}^{n} (Od_{ij} - 1)^2}{n^3(n-1)} \qquad (4 - 15)$$

该构建形式实际是利用相对于固有顺序位置差的偏离比的平均值,来评估相对于最符合固有顺序参数的元件布局方案的偏离程度的。由于使用的是位置的序号,而不直接牵涉到操作距离,只是对现有布局与固有操作顺序之间的关系进行处理,因此有效避开了换行对手部移动距离值的强烈影响,从而使评估结果更加可靠。此外,这样的构建形式,还能大大降低编程与计算过程的花费,提高计算效率。

5. 相容性原则数学模型的构建

相容性是布局时用于衡量元件间是否发生干涉与重叠或元件是否超出界面边界的重要指标。若用 X_i 和 X_j 表示元件位置的编号或顺序号,元件间相容性参数的表达式为

$$\delta_{cc} = sgn(\prod |X_i - Y_j|), X_i, Y_j \in N, i \neq j \quad (4 - 16)$$

若判断元件与界面的相容情况,设布局界面的宽和高分别为 A 和 B。需自左上角开始按元件位置号(顺序号)将元件放入界面区域,直到满足换行条件

$$\begin{cases} (m_1 - 1)s_h + \sum_{i=r_1}^{r_{m_1}} a_i \leqslant A \\ m_1 s_h + \sum_{i=r_1}^{r_{m_1+1}} a_i > A \end{cases} \tag{4-17}$$

第 1 行排列结束,开始第 2 行的排列,依此类推。所有元件排列完成后,记排列总行数为 C_R,取各行元件中纵向尺寸最大者,组成一个包含有 C_R 个元素的一维数组 D。需满足

$$(C_R - 1)s_v + \sum_i D_i \leqslant B \tag{4-18}$$

元件与界面间相容性参数的表达式为

$$\delta_{cf} = \text{sgn}(B - (C_R - 1)s_v - \sum_i D_i + \varepsilon) \tag{4-19}$$

总的相容性参数可以表示为

$$\delta_z = \delta_{cc}\delta_{cf}$$

$$= \text{sgn}(\prod |X_i - X_j|)\text{sgn}(B - (C_R - 1)s_v - \sum_k D_k + \varepsilon)$$

$$= \text{sgn}((B - (C_R - 1)s_v - \sum_k D_k + \varepsilon)\prod |X_i - X_j|) \tag{4-20}$$

由式(4-20)可以看出,只有在相容性要求一和要求二同时满足的情况下,界面布局的相容性条件才能得到满足。

4.1.2　布局目标函数的构建

元件布局最理想的情况是将每个元件都放在最优的位置上,以发挥它的工效。但是每个元件都放到最优的位置上通常是无法实现的。因为某些场合会存在布局原则相互冲突,无法同时满足的情况。因此,如何考虑上述的重要性、操作频率、操作顺序、相关性和相容性布局原则,及分清布局原则之间的主次关系是布局过程中必须解决的问题。

利用上述的布局原则及数学模型,构建布局目标函数为

$$P_z = \delta_z \left(\sum M_i E_i + k_1 \frac{\sum F_i E_i}{L_z + k_2 O_z + C} \right)$$

$$= \delta_z \sum \left(M_i + \frac{k_1 F_i}{L_z + k_2 O_z + C} \right) E_i \qquad (4-21)$$

其中,k_1 主要用于调控重要度和操作频率之间的作用分配,k_2 主要用于调控操作顺序参数与相关性参数之间的作用分配,C 是为保证公式功能完整性而设的参数,E_i 是便利度参数,表明在控制面板上不同位置进行操作的方便程度。该目标函数突出了重要度对布局优化的贡献。相容性是一个具有逻辑性的条件,即相容或不相容,若不相容,其他几个条件即使再好,总的布局目标函数 P_z 也等于零。

4.2 基于粒子群算法的布局优化

本节采用粒子群优化算法对已建立的人机界面布局优化数学模型进行求解。粒子群优化算法是受鸟群觅食行为的启发而提出的,它模拟鸟群的行为,在种群中共享和传递优化信息,使个体向着最优目标移动。人机界面布局优化问题是一个组合优化问题,为解决该问题而进行的数学模型和建立的目标函数是适合应用粒子群算法进行计算的。

4.2.1 惯性权重策略的选取

PSO 算法经典的粒子速度更新公式为

$$v = v_i w(t) + c_1 r_1 (p_{\text{local}} - x_i) + c_2 r_2 (p_{\text{global}} - x_i)$$

$$(4-22)$$

式中:v 为粒子的速度;$w(t)$ 为惯性权重;t 为迭代次数;c_1 和 c_2 为学习因子;r_1 和 r_2 为$[0,1]$的均布随机数。

PSO 算法中粒子速度的更新主要与惯性权重、学习因子有关。

较大的惯性权重有利于全局寻优,较小的惯性权重有利于局部寻优。惯性权重策略主要分为线性策略和非线性策略两种。而最常用的惯性权重策略是 Y. Shi 等提出的典型线性递减策略,该策略使惯性权重呈线性递减,使 PSO 算法在全局优化的前期具有较高的全局搜索能力,而在后期具有良好的局部搜索能力。除线性和非线性惯性权重策略外,国内外学者还提出了其他多种惯性权重改进策略。经常采用的惯性权重策略公式如下。

(1) 典型线性递减策略

$$w(t) = w_{start} - \frac{w_{start} - w_{end}}{t_{max}} \times t \qquad (4-23)$$

(2) 线性递减微分策略

$$w(t) = w_{start} - \frac{(w_{start} - w_{end})}{t_{max}^2} \times t^2 \qquad (4-24)$$

(3) 先增后减策略(一般化形式)

$$w(t) = \begin{cases} 2(w_{peak} - w_{start})\dfrac{t}{t_{max}} + w_{start}, & 0 \leqslant \dfrac{t}{t_{max}} \leqslant 0.5 \\ -2(w_{peak} - w_{start})\dfrac{t}{t_{max}} + 2w_{peak} - w_{start}, & 0.5 \leqslant \dfrac{t}{t_{max}} \leqslant 1 \end{cases}$$

$$(4-25)$$

(4) 带阈值的非线性递减策略

$$w(t) = w_{start} - \left(\frac{t-1}{t_{max}-1}\right)^{\lambda}(w_{start} - w_{end}) \qquad (4-26)$$

（5）带控制因子的非线性递减策略

$$w(t) = (w_{start} - w_{end} - d_1) \exp\left(\frac{1}{1 + d_2 t/t_{max}}\right) \quad (4-27)$$

（6）非线性动态改进策略

$$w(t) = w_{end} + (w_{start} - w_{end}) \exp\left(-k \times \frac{t^2}{t_{max}^2}\right) \quad (4-28)$$

（7）随机变化惯性权重（一般化形式）

$$w(t) = w_{upper} - (w_{upper} - w_{lower}) \text{Rnd} \quad (4-29)$$

（8）固定权重法

$$w(t) = C \quad (4-30)$$

通过 16 个元件的 Monte Carlo 布局实验，对上述惯性权重策略进行测试。取 Monte Carlo 实验次数为 100 次，粒子数为 24（即 1.5 倍元件数），迭代次数为 100 次，初始方案为最优解的倒序排列，使用标准学习因子设置（$C_1 = C_2 = 2$）。测试结果可知：经典的线性递减策略的总体性能是最优的，但是在本人机界面的布局优化中也存在一定的局限性。因此，作者提出了一种既有良好的收敛性，又能满足本布局求解要求的综合性的惯性权重进化策略，即先减后恒值的分段连续进化策略，形式为

$$w(t) = \begin{cases} w_{start} - \dfrac{w_{start} - w_{end}}{t_{linear}} \times t, & 0 \leqslant t \leqslant t_{linear} \\ \\ w_{end}, & t > t_{linear} \end{cases}$$

$$(4-31)$$

式中：w_{start} 为起始值；w_{end} 为终止值；t_{linear} 为线性递减阶段经历的步数。

该策略结合了典型线性递减策略与固定权重策略两种方法。这两种方法是优缺点互补的，典型线性递减策略在一般的

迭代次数范围内,结果收敛能力要强于固定权重策略,而固定权重策略能在无穷迭代次数方向上满足绝对最优解条件。两者结合的效果是既能在开始阶段获得较高的收敛能力,又能满足本布局的求解理念。

4.2.2　学习因子的选取

学习因子项含有 C_1、C_2 两个学习因子,其中,C_1 用于调控粒子本身经验的积累,C_2 用于调控粒子群体经验的交流。PSO 计算时,前期的粒子运动能力较强,能够较好地进行大范围的搜索。到了后期,粒子运动能力逐渐减弱,其搜索区域主要集中在局部区域中,所以能够进行较好的局部精细搜索。学习因子项在粒子速度更新方面起到了很重要的作用。在一般的 PSO 计算中,设置为 $C_1 = C_2 \in [1, 2.5]$,并将 $C_1 = C_2 = 2$ 认定为标准的学习因子设置方式。

取 Monte Carlo 实验次数为 100 次,粒子数为 24(即 1.5 倍元件数),迭代次数为 100 次,初始方案为最优解的倒序排列,在不同参数设置下进行计算,可知,容易使计算得到收敛值的参数设置特征区间是真实存在的,但大多数学习因子进化策略在这些特征区间停留的时间很短,而且,$C_1 = C_2 = 2$ 并不是最佳的适合本布局计算的学习因子设置方式。为此,作者提出了学习因子的改进策略——循环变化策略。

循环变化策略使用的是三角函数构造,形式为

$$\begin{cases} C_1 = C_{1\_\min} + (C_{1\_\max} - C_{1\_\min})\sin\left(\dfrac{2n\pi t}{t_{\max}}\right) \\[4mm] C_2 = C_{2\_\min} + (C_{2\_\max} - C_{2\_\min})\sin\left(\dfrac{2n\pi t}{t_{\max}}\right) \end{cases} \qquad (4-32)$$

式中：n 为周期数。

由所构造的函数形式可知，当周期数 n 取 0.5 时，也可看作非线性的先增后减策略来使用。而当周期数 n 取 0.25 时，其形式变为非线性的递增策略。

此进化策略也可以变换的形式为

$$\begin{cases} C_1 = C_{1\_min} + (C_{1\_max} - C_{1\_min})\sin\left(\dfrac{2\pi t}{t_{period}}\right) \\ C_2 = C_{2\_min} + (C_{2\_max} - C_{2\_min})\sin\left(\dfrac{2\pi t}{t_{period}}\right) \end{cases} \quad (4-33)$$

式中：t_{period} 为完成每个周期所需的迭代步。

可见，这种循环变化策略是与最大迭代步数无关的。

在实际应用中，t_{period} 的取值不能过小，从函数形状上讲，一个周期上至少需要 5 个迭代步。但事实上，5 个迭代步是明显不够的，因为这样设置产生的效果可等效为每隔一个迭代步学习因子会出现一个与波峰等高的脉冲，这明显对计算是不利的。因此，t_{period} 的最小取值应为 9。一般在进行计算和性能测试时，t_{period} 的值可取为 20。

4.2.3　元件位置的设置

本节问题中，如果元件的位置号产生重复，即说明该方案不符合相容性条件。显然，此问题是一个排列问题，而不是组合问题，因为大多数的元件位置号组合都无法满足相容性条件。由于在普通的 PSO 计算过程中，元件位置的初始化和更新都有发生元件位置重叠的可能性，而且随着布局元件数的增多，发生这种问题的概率将大大提高，从而会严重影响计算效果，从而使计算结果变差。因此，考虑到这种特殊情况，这里提出了改进元件位置处理方法的措施，包括元件位置的初始化和更新方法的改进。

1. 元件位置的初始化

产生元件位置的排列是本布局问题对元件位置处理结果的重要要求。本节提出了在随机数法的基础上，将随机数法的结果进行排序的随机数排序方法，用于本问题中元件位置的初始化。

对随机数法所得结果数组为

$$A = \{l_i^0 \mid l_i^0 = (N_c - 1) \cdot \mathrm{Rnd} + 1\} \qquad (4-34)$$

进行排序后，可得到改进后的元件初始化位置为

$$(l_i^0)' = \mathrm{Order}(l_i^0) \qquad (4-35)$$

式中：$(l_i^0)'$ 为随机数排序方法得到的初始化结果；$\mathrm{Order}(l_i^0)$ 为随机数法所得结果 l_i^0 在数组 A 中的序号。

由于在数组 A 中几乎不存在有等值元素的可能性，因此也就不可能产生等值的序号，即不可能产生元件的重叠。所以，在布局界面足够大的情况下，此方法几乎能够完全避免发生相容性问题，从而保证了初始化粒子的高品质，为后续的 PSO 迭代计算打下良好的基础。

2. 元件位置的更新

本节参考了随机数排序法的改进思路，对元件位置更新方法进行了改进，并解决了更新结果的相容性问题。对于使用更新公式 $l_i^n = l_i^{n-1} + v_i^n$，所得的结果数组为

$$A = \{l_i^n \mid n \in [1, Iter], i \in [1, N_c]\} \qquad (4-36)$$

进行排序后，可得到改进后的元件初始化位置为

$$(l_i^n)' = \mathrm{Order}(l_i^n) \qquad (4-37)$$

式中：$(l_i^n)'$ 为当前迭代步用排序法得到的更新结果；$\mathrm{Order}(l_i^n)$ 为更新公式所得结果 l_i^n 在数组 A 中的序号。

由于只要在粒子速度更新方面做一定的处理,就能使更新后几乎不出现相同的序号,所以能最大限度地避免相容性问题,更新得到的粒子能够保持较好的品质。

4.2.4 粒子速度的设置

本节所涉及的问题既是离散的,又是具有相容性的。由于粒子中元件位置的更新方法使用的是排序法,因此,对元件速度的处理也是有一定要求的,即尽可能保证使按更新公式得到的结果数组不出现重复元素。

一般 PSO 算法各迭代步的速度更新是相互独立的,因此粒子速度的初始化问题可以忽略,只需研究速度更新的处理即可。

1. 粒子速度的更新

由于初始化与更新得到的元件位置是整数,因此,若速度处理使用经典方法,则按照位置更新公式得到的结果数组出现重复元素的可能性极小,而若速度处理使用一般的离散问题使用的方法,则结果数组中出现重复元素的可能性比经典方法要大得多。由此可见,基于本节所使用的位置处理方法,经典的速度更新方法在实际应用中更加具有优势,故文中所涉及的测试计算均采用经典的速度更新方法。

PSO 算法经典的粒子速度更新公式为

$$v = v_i w(t) + c_1 r_1 (p_{local} - x_i) + c_2 r_2 (p_{global} - x_i)$$

$$(4-38)$$

$$v' = \begin{cases} -V_{max}, & v < -V_{max} \\ v & |v| \leqslant V_{max} \\ V_{max}, & v > V_{max} \end{cases} \qquad (4-39)$$

式中：r_1、r_2 为区间$[0,1]$上服从平均分布的随机数。

2. 粒子的速度边界条件 V_{max}

大多数的粒子群算法都是有边界条件的。本节所涉及的离散问题的粒子位置边界条件是$[1,N_c]$，即元件序号的范围。而粒子的速度边界条件为$[-V_{max},V_{max}]$，V_{max}的值一般设为粒子的维数，对应的元件总数为N_c。

速度边界条件的设置对计算是有一定影响的。例如，由于本文使用的位置更新方法是排序法，因此对速度边界条件V_{max}的取值要求较低，只要在调整速度边界条件时，相应地调整惯性权重和学习因子即可。在实际应用中，可通过调整速度边界条件V_{max}的值，当V_{max}足够大时，能够使速度取整的离散方法摆脱位置更新后出现重叠的问题。

4.2.5　其他主要计算参数的优化

除学习因子、惯性权重、粒子速度和位置的处理方法外，还有几个需要关注的重要参数，特别是粒子数和最大迭代步数。

1. 粒子数设置

在一定程度上，粒子数的大小能够对计算的收敛性产生较大的影响。

从初始粒子质量的角度来看，样本数的增加能够提高初始粒子中出现较优粒子的概率。初始粒子中存在较优解对后续的迭代过程是十分有利的，并且，初始粒子中局部最优解的值越优，对后续计算越有利，不仅能够降低收敛步数，还能够提高得到最优解的概率。

假设布局界面的元件数为 n 个，则布局排列的总方案数为

$n!$ 个,其中较优方案占的比重为 P_b,若设定粒子数的大小为 s,则初始粒子中出现较优粒子的概率为

$$F_b = 1 - (1 - P_b)^s \qquad (4-40)$$

也可估计初始粒子中出现较优粒子的数量,得

$$S_b = sP_b \qquad (4-41)$$

由此可知,在实际模型中,虽然参数 P_b 的值极小,但若能保证足够的粒子数 s,则基本可保证 S_b 不为 0。而根据 PSO 算法的特点,初始步中最终将产生后续作用的是其局部最优解,因此,事实上只需至少保证 $S_b = 1$,即初始粒子中存在较优粒子,就可以容易地得到较佳的结果。

从迭代过程来看,用增加粒子数的方法,能够提供更加丰富的粒子运动路径。

假设对某元件布局进行 PSO 优化,若粒子数为 1,则粒子的迭代过程仅存在粒子自身的经验积累。这种情况下,计算结果的优劣仅与惯性权重、学习因子等参数有关,可见惯性权重和学习因子是直接决定粒子进化质量的本质因素。若在初始步中,对该单粒子进行克隆,使初始步中具有数量为 S 的初始粒子,则可看到在后续的进化过程中,由于进化方向存在随机性,使得进化过程呈现出丰富的多样性,并且种群数量越大,多样性越丰富。丰富的多样性带来的是粒子间社会经验的繁荣交流,而粒子的繁荣交流对粒子的进化质量将能起到积极的提升作用。

表 4-1 为某参数设置下不同粒子数的实验结果。从表中可以看出,当粒子数增大时,优解收敛百分比不断增加,收敛步均值不断减少,未收敛结果的平均偏差率也呈现不断减小的趋势。

表 4-1 不同粒子数的实验结果

粒子数	优解收敛百分比/%	收敛步均值/%	结果偏差率/%
2	4	188.5	81.19265
5	16	163.0625	67.99183
10	25	155.96	60.29484
20	45	149.0667	48.92612
40	63	152.5397	39.01723
80	69	135.1159	35.00052
160	91	107.6044	17.75745
500	99	56.61616	5.867888

由此可见,粒子数是间接影响粒子进化质量的外部因素。在单次的 PSO 运算中,当惯性权重和学习因子的设置在计算性能方面有局限性时(如典型线性递减策略),提高粒子数是一种必要的手段。

粒子数的设置不仅能够影响计算的收敛性,也会影响到计算规模的大小。在本节的问题中,一般来说,粒子数越大,其计算结果就越好,迭代至最优解所需步数就越少,但其计算速度也就越慢。因此,粒子数的设置是需要综合考虑计算量和计算性能的平衡的,具体可根据计算机的计算能力不同,对粒子数的值进行调整。

2. 最大迭代次数设置

最大迭代次数作为三大性能调节参数之一,由于在一定条件下,它能够直接影响单粒子的进化质量,因此其设置方法相比另外两个参数要复杂的多。最大迭代次数的设置存在两种情况。

(1)最大迭代次数作为学习因子或惯性权重的进化策略的参数存在,并且此学习因子或惯性权重的进化策略不具备在有效率的值域内沿坐标轴向无限远处延伸的能力,则最大迭代次数的设置将受到进化策略局限性的掣肘。

（2）最大迭代次数与学习因子或惯性权重的进化策略无关，或者是学习因子或惯性权重的进化策略具备在有效率的值域内沿坐标轴向无限远处延伸的能力，所以最大迭代次数的设置只需考虑如何平衡计算收敛性和计算性能，数值大小上并无上限存在。

从结果分布的角度来讲，提高最大迭代次数，就是增大概率密度函数的积分区间，能够增加实验结果中最优解的百分比。并且，最大迭代次数的值没有设置上限，意味着通过增大最大迭代次数的值，最优解百分比的值一定能够等于1。因此，在上述情况（2）下更能符合设置与计算的要求。

当然，增加最大迭代次数会严重增加求解耗时。经过测试，求解时耗的放大倍数与最大迭代次数放大倍数的平方成正比。所以，不建议对其值做大幅度的调高。

4.3 布局设计实例

在4.2节提出的PSO布局优化理论及方法的基础上，利用自主开发的ICPPSO软件对某核电厂主控室中的电气应急盘进行布局，并对布局结果进行分析。

4.3.1 布局问题描述

本电气应急盘高450mm、宽800mm，左、右边距分别为25mm，上、下边距分别为35mm。该应急屏由30个操纵旋钮组成，每个操纵旋钮（带标签）的高为100mm、宽为55mm，其排列的行间距为40mm、列间距为20mm。这30个操纵旋钮按照出现事故时的基本操作顺序，划分为中央主导控制区（功能组1）、事故保护停堆(功能组2)、手动启动停堆(功能组3)、安全壳泄漏监控系统(功能组4)、稳压器控制(功能组5)、电动给水泵保护(功能组6)、给水独立手动控制(功能组7)、辅助给水系统(功能组8)、主蒸汽管道系统(功能组9)、汽机保护系统(功能组10)、主变压器保护系统(功能组11)共11个功能组。为了便于布局优化,将元件按原布局的先后顺序进行了编号,并将功能组的序号也标示出来,绘制在平面图上(见图4-1)。

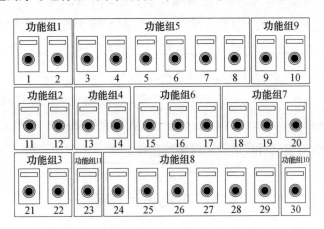

图4-1　标示出功能组和元件号的电气应急盘

4.3.2　目标函数相关参数的设置

1. 元件的重要度

由3名操作员和2名专家(共5人)对重要度进行一一比较和判断,得出元件的重要度矩阵。I_{ij}表示i元件(30个)由j专家(5名)评估的重要度。重要度的取值范围为0~1。

$$I = \begin{bmatrix} I_{ij} \end{bmatrix} = \begin{bmatrix} P \\ Q \end{bmatrix} \qquad (4-42)$$

式中

$$P = \begin{bmatrix} 1.0 & 1.0 & 0.7 & 0.7 & 0.7 & 0.7 & 0.7 & 0.7 & 0.6 & 0.6 & 0.9 & 0.9 & 0.8 & 0.8 & 0.7 \\ 1.0 & 1.0 & 0.7 & 0.7 & 0.7 & 0.7 & 0.7 & 0.7 & 0.5 & 0.5 & 0.9 & 0.9 & 0.7 & 0.7 & 0.7 \\ 1.0 & 1.0 & 0.7 & 0.7 & 0.7 & 0.7 & 0.7 & 0.7 & 0.6 & 0.6 & 0.9 & 0.9 & 0.8 & 0.8 & 0.7 \\ 1.0 & 1.0 & 0.7 & 0.7 & 0.7 & 0.7 & 0.7 & 0.7 & 0.7 & 0.6 & 0.9 & 0.9 & 0.7 & 0.7 & 0.7 \\ 1.0 & 1.0 & 0.8 & 0.7 & 0.7 & 0.8 & 0.7 & 0.7 & 0.7 & 0.7 & 0.9 & 0.9 & 0.8 & 0.8 & 0.8 \end{bmatrix}^{T}$$

$$(4-43)$$

$$Q = \begin{bmatrix} 0.7 & 0.7 & 0.6 & 0.6 & 0.6 & 0.8 & 0.8 & 0.5 & 0.5 & 0.5 & 0.5 & 0.5 & 0.5 & 0.5 & 0.6 \\ 0.7 & 0.7 & 0.7 & 0.7 & 0.7 & 0.8 & 0.8 & 0.5 & 0.5 & 0.5 & 0.5 & 0.5 & 0.5 & 0.5 & 0.5 \\ 0.7 & 0.7 & 0.6 & 0.6 & 0.6 & 0.8 & 0.8 & 0.5 & 0.5 & 0.5 & 0.5 & 0.5 & 0.5 & 0.5 & 0.6 \\ 0.7 & 0.7 & 0.6 & 0.6 & 0.6 & 0.8 & 0.8 & 0.6 & 0.4 & 0.4 & 0.4 & 0.4 & 0.4 & 0.4 & 0.6 \\ 0.8 & 0.8 & 0.7 & 0.7 & 0.7 & 0.9 & 0.9 & 0.6 & 0.5 & 0.5 & 0.5 & 0.5 & 0.5 & 0.5 & 0.7 \end{bmatrix}^{T}$$

$$(4-44)$$

3 名操作员和 2 名专家(共 5 人)对重要度进行判定时所占的权重,依据层次分析法进行计算。首先列出其判断矩阵

$$A_{ij} = \begin{bmatrix} 1 & 1 & 3 & \dfrac{1}{3} & \dfrac{1}{3} \\ 1 & 1 & 3 & \dfrac{1}{3} & \dfrac{1}{3} \\ \dfrac{1}{3} & \dfrac{1}{3} & 1 & \dfrac{1}{5} & \dfrac{1}{5} \\ 3 & 3 & 5 & 1 & 1 \\ 3 & 3 & 5 & 1 & 1 \end{bmatrix} \qquad (4-45)$$

然后由层次分析法求得 5 名操纵员和专家的权重为

$$q_{E} = \begin{bmatrix} 0.1768 & 0.1768 & 0.1186 & 0.2639 & 0.2639 \end{bmatrix}^{T}, 且\ CR < 0.10$$

$$(4-46)$$

因此,30 个元件加权重要度为

$$M = Iq_E = \begin{bmatrix} A & B & C & D & E \end{bmatrix}$$

其中

$A = \begin{bmatrix} 1.0000 & 1.0000 & 0.7264 & 0.7000 & 0.7000 & 0.7264 \end{bmatrix}$

$B = \begin{bmatrix} 0.7000 & 0.7000 & 0.6351 & 0.6087 & 0.9000 & 0.9000 \end{bmatrix}$

$C = \begin{bmatrix} 0.7559 & 0.7559 & 0.7264 & 0.7264 & 0.7264 & 0.6441 \end{bmatrix}$

$D = \begin{bmatrix} 0.6441 & 0.6441 & 0.8264 & 0.8264 & 0.5528 & 0.4736 \end{bmatrix}$

$E = \begin{bmatrix} 0.4736 & 0.4736 & 0.4736 & 0.4736 & 0.4736 & 0.6087 \end{bmatrix}$

2. 元件的工况

1）元件的操作顺序

根据核电站的运行规程，可以将电气应急盘的操作工况归纳为 22 种。表 4 - 2 列出每种操作工况下,元件的操作顺序。

表 4 - 2　元件的操作顺序

工况	元件的操作顺序
1	1,2,11,12,21,22,13,14,3,4,5,6,7,8,15,16,17,18,19,20,24,25,26,27,28,29,9,10,30
2	1,2,11,12,21,22,13,14,3,4,5,6,7,8,15,16,17,18,19,20,9,10,30
3	1,2,11,12,21,22,13,14,3,4,5,6,7,8,15,16,17,9,10,30
4	1,2,11,12,21,22,13,14,3,4,5,6,7,8,9,10,30
5	1,2,11,12,21,22,13,14,9,10,30
6	1,2,11,12,13,14,3,4,5,6,7,8,15,16,17,18,19,20,24,25,26,27,28,29,9,10,30
7	1,2,11,12,13,14,3,4,5,6,7,8,15,16,17,18,19,20,9,10,30
8	1,2,11,12,13,14,3,4,5,6,7,8,15,16,17,9,10,30
9	1,2,11,12,13,14,3,4,5,6,7,8,9,10,30
10	1,2,11,12,13,14,9,10,30
11	1,2,13,14,3,4,5,6,7,8,15,16,17,18,19,20,24,25,26,27,28,29,9,10,30
12	1,2,13,14,3,4,5,6,7,8,15,16,17,18,19,20,9,10,30

（续）

工况	元件的操作顺序
13	1,2,13,14,3,4,5,6,7,8,15,16,17,9,10,30
14	1,2,13,14,3,4,5,6,7,8,9,10,30
15	1,2,15,16,17,18,19,20,24,25,26,27,28,29,9,10,30
16	1,2,15,16,17,18,19,20,9,10,30
17	1,2,15,16,17,9,10,30
18	1,2,15,16,17,18,19,20,24,25,26,27,28,29
19	1,2,15,16,17,18,19,20
20	1,2,15,16,17
21	1,2,9,10,30
22	1,2,23

上述 22 种工况中,每种工况下,每个元件的操作次数都是 1。

2）元件工况的权重

22 种工况的重要性对比矩阵为

$$
A_{ij} = \begin{bmatrix}
1^{(5\times5)} & 2^{(5\times5)} & 3^{(5\times7)} & 4^{(5\times3)} & 5^{(5\times1)} & 7^{(5\times1)} \\
\left(\dfrac{1}{2}\right)^{(5\times5)} & 1^{(5\times5)} & 2^{(5\times7)} & 3^{(5\times3)} & 4^{(5\times1)} & 6^{(5\times1)} \\
\left(\dfrac{1}{3}\right)^{(7\times5)} & \left(\dfrac{1}{2}\right)^{(7\times5)} & 1^{(7\times7)} & 2^{(7\times3)} & 3^{(7\times1)} & 5^{(7\times1)} \\
\left(\dfrac{1}{4}\right)^{(3\times5)} & \left(\dfrac{1}{3}\right)^{(3\times5)} & \left(\dfrac{1}{2}\right)^{(3\times7)} & 1^{(3\times3)} & 2^{(3\times1)} & 4^{(3\times1)} \\
\left(\dfrac{1}{5}\right)^{(1\times5)} & \left(\dfrac{1}{4}\right)^{(1\times5)} & \left(\dfrac{1}{3}\right)^{(1\times7)} & \left(\dfrac{1}{2}\right)^{(1\times3)} & 1^{(1\times1)} & 3^{(1\times1)} \\
\left(\dfrac{1}{7}\right)^{(1\times5)} & \left(\dfrac{1}{6}\right)^{(1\times5)} & \left(\dfrac{1}{5}\right)^{(1\times7)} & \left(\dfrac{1}{4}\right)^{(1\times3)} & \left(\dfrac{1}{3}\right)^{(1\times1)} & 1^{(1\times1)}
\end{bmatrix}
$$

$$(4-47)$$

式中:$t^{(m\times n)}$ 代表 m 行 n 列的元素值均为 t 的子矩阵。

依据层次分析法,求得 22 种工况的权重为

$$q_f = \begin{bmatrix} q_{fi} \end{bmatrix} = \begin{bmatrix} A & B & C \end{bmatrix}$$

其中

$$A = \begin{bmatrix} 0.0618 & 0.0618 & 0.0618 & 0.0618 & 0.0618 \\ 0.0506 & 0.0506 & 0.0506 & 0.0506 & 0.0506 \end{bmatrix}$$

$$B = \begin{bmatrix} 0.0414 & 0.0414 & 0.0414 & 0.0414 & 0.0414 \\ & & 0.0414 & 0.0414 \end{bmatrix}$$

$$C = \begin{bmatrix} 0.0339 & 0.0339 & 0.0339 & 0.0278 & 0.0186 \end{bmatrix}$$

根据元件的工况及工况的权重可求得元件的操作频率参数、操作顺序参数和相关性参数,并可求得目标函数值(布局匹配度)。

4.3.3 布局优化计算结果及分析

针对此电气应急盘的布局,采用 PSO 算法进行优化计算。其中,采用 4.2 节中提出的先减后恒值分段连续进化的惯性权重改进策略和循环变化的学习因子改进策略,粒子数取 100,最大迭代次数为 100 次,得到的布局优化结果见图 4 - 2。最优布局方案的序号为 1、2、11、12、3、4、5、6、7、8、21、22、13、14、15、16、17、18、19、20、9、10、30、24、25、26、27、28、29、23。元件按上述序号,从盘面的左上角从左向右依次排列,当第 1 行排满后排第 2 行,从左向右依次排列,第 2 行排满后进行第 3 行的排列。布局优化模拟器可以显示其最终排列的结果。在布局模拟器中,将鼠标移到元件上即会显示元件的序号(见图 4 - 2)。

最后,将布局模拟器上显示的布局优化结果进行编组,并用平面图的形式表示出来。为了便于与布局优化前的元件排列(见图 4 - 1)进行比较,将功能组的编号与元件编号进行了标示(见图 4 - 3)。

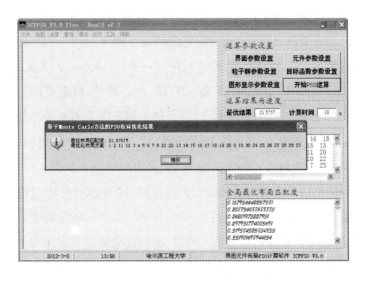

图4-2　电气应急盘的布局优化结果

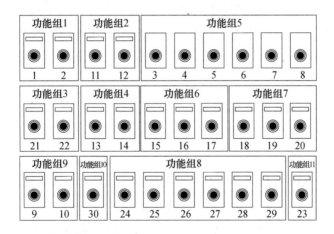

图4-3　标示出功能组和元件号的布局优化后的电气应急盘

　针对元件布局的重要性原则、操作频率原则、操作顺序原则、相关性原则和相容性原则,对电气应急盘的布局优化结果进行分析。

由式(4－43)至式(4－45)中的矩阵,通过计算可知 30 个元件的重要度,依据元件的重要度将元件按从大到小的顺序进行排列为 1、2、11、12、21、22、13、14、15、16、17、3、6、4、5、7、8、18、19、20、9、10、30、23、24、25、26、27、28、29。可见,最重要的元件是中央主导控制区(功能组 1)的元件 1 和元件 2,其次是事故保护停堆(功能组 2)的元件 11 和元件 12,而辅助给水系统(功能组 8)的元件 24、25、26、27、28 和 29 重要性最低。从图 4－3 的布局优化结果中可以看出,元件 1、2、11、12 依次排在电气应急盘最重要的位置上,而元件 24、25、26、27、28 和 29 仅强于元件 23,排在最不重要的位置上。所以,布局优化结果基本体现了元件布局的重要性原则。

由表 4－2 可知,操作频率最低且操作顺序排最后的是主变压器保护系统(功能组 11)的元件 23,布局优化结果显示元件 23 排在了最后的位置。操作频率较高的几个元件依次为 1、2、11、12、21、22、13、14、15、16、3、4、5、6、7、8 等,布局优化结果显示,它们都排在较靠前的位置上。所以,布局优化结果基本体现了元件布局的操作频率原则。

依据表 4－2 可知,电动给水泵保护(功能组 6)和给水独立手动控制(功能组 7)按操作顺序应相邻排列,即元件 15、16、17、18、19、20 应相邻排列,布局优化结果显示它们已被相邻排列。手动启动停堆(功能组 3)和安全壳泄漏监控系统(功能组 4)按操作顺序应相邻排列,即元件 21、22、13、14 应相邻排列,布局优化结果显示它们已被相邻排列。所以,布局优化结果基本体现了元件布局的操作顺序原则。

依据表 4－2 可知,中央主导控制区(功能组 1)和事故保护停堆(功能组 2)的相关性高,需相邻排列,即 1、2、11、12 相邻排列,布局优化结果显示它们已相邻排列。主蒸汽管道系统(功能组9)与稳压器控制(功能组5)相关性较弱,而与汽机保护系统(功能组10)相关性强,所以主蒸汽管道系统(功能组9)与汽机保护系统(功能组10)相邻排列,即元件9、10、30相邻排列,布局优化结果显示它们已相邻排列。功能组6、功能组7和功能组8都是完成给水保护功能的,因此在空间位置上应排在一起,布局优化结果显示它们在空间位置上相邻排列。所以,布局优化结果基本体现了元件布局的相关性原则。

电气应急盘的大小可以满足元件的排列,使其不相互重叠,也不超出电气应急盘的边界。布局优化结果显示,元件的大小和间距及盘面的大小可以满足不重叠、不超出的相容性原则。所以,布局优化结果基本体现了元件布局的相容性原则。

图4-3的布局优化结果显示,布局优化结果中元件的最终排列顺序,不单纯是遵循重要性、操作频率、操作顺序、相关性、相容性中的某一条原则,而是综合考虑这些布局原则的相互关系,进行布局优化得出的结果。例如,中央主导控制区(功能组1)、事故保护停堆(功能组2)和手动启动停堆(功能组3)的最终布局优化结果,既考虑了它们的重要性,排在了最利于观测和操作的位置上,也考虑了它们的相关性,在空间位置上相邻排列,以便于观察和操作。

根据上述分析,可以依据图4-3的布局优化结果对电气应急盘进行改进设计。

第 5 章　人机界面设计与评价指标

人机界面设计与评价指标是依据工效学标准归纳出的设计与评价要求。在人机界面设计工作中,工效学标准是人机界面设计的指南;在人机界面评价工作中,工效学标准则是人机界面评价的依据。

5.1　人机界面设计与评价的要求

人机界面的设计与评价都要遵循工效学标准的要求。不同的领域有不同的工效学标准,在选择工效学标准时应考虑其适用领域、范围和人群等因素。例如,核电站人机界面的设计与评价可选用 NERUG0700 Human – System Interface Design Review Guidelines,舰桥人机界面设计与评价可选用 ISO 8468 – 2007 Ships and Marine Technology – Ship's Bridge Layout and Associated Equipment – Requirements and Guidelines。对标准中与人体尺寸有关的设计参数,应注意标准的适用人群,必要时可根据本国的人体尺寸对标准相关中的参数进行适应性改进。

5.1.1　人机界面设计要求

人机界面的设计要求与设计对象有关。以舰桥人机界面设计为例,其视域、盲区和工作环境设计的工效学要求可归纳如下。

1. 视域和盲区工效学要求

1）最小视域

从导航与操纵工作站观察海面,在考虑通风设备、装饰物和甲板货物等条件下,从船首正前方到左、右两侧各 10°的范围内,视线被遮挡的长度应不大于两倍的船长或 500m(取两者之中长度小者)。导航与操纵工作站的船首最小视域要求见图 5-1。图中,a 表示两倍船长或者 500m(取两者之中长度小者)。

图 5-1 导航与操纵工作站的船首最小视域要求

2）船周视域

观察人员通过在驾驶室内或在翼桥上的移动应能够获得船体周围 360°的视域(见图 5-2)。

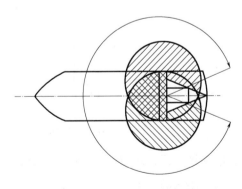

图 5-2 船体周围 360°的视域

3）导航与操纵工作站

(1)导航与操纵工作站的水平视域应不小于 225°,即从一舷正横向后22.5°起,绕舰首延展至另一舷正横向后22.5°止。导航与操纵工作站的水平视域见图5－3。

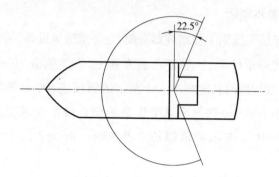

图5－3　导航与操纵工作站的水平视域

（2）导航工作站的视域应保证能观察到所有可能影响舰船安全航行的物体(如船或灯塔)。

（3）从导航与操纵工作站观察海面,在角度从向左舷10°至向右舷112.5°的范围内,沿窗户下边缘向海面的视线不应被控制台遮挡。导航与操纵工作站的海面视域见图5－4。

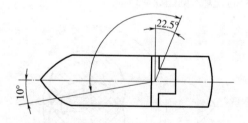

图5－4　导航与操纵工作站的海面视域

（4）在导航与操纵工作站,应该能够使用船后面成行的灯光或标志作为驾驶船只的参考。

（5）从导航与操纵工作站向正后方的水平视域应该扩展至正后方两侧至少5°的范围。导航与操纵工作站的正后方水平视域见图5－5。

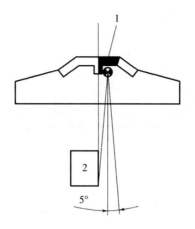

图5-5 导航与操纵工作站的正后方水平视域

4）监视工作站

监视工作站的水平视域应从舰首向左舷90°起,绕舰首延展至右舷正横向后 22.5° 止。监视工作站的水平视域见图5-6。

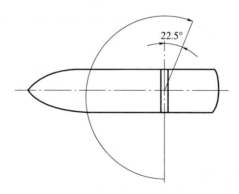

图5-6 监视工作站的水平视域

5）翼桥视域

翼桥的水平视域应超过225°,即至少为从舰首向另一舷45°起,绕正前方延展至正后方180°。翼桥的水平视域见图5-7。

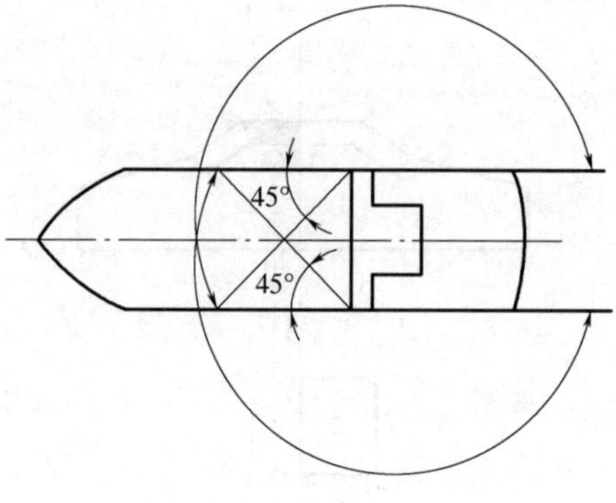

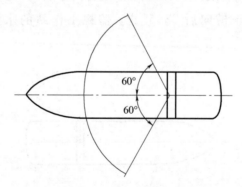

图 5 - 7　翼桥的水平视域

6）主舵位置

主舵位置（人工舵工作站），水平视域至少应为从正前方向两舷各延展60°。主舵位置水平视域见图 5 - 8。

图 5 - 8　主舵位置水平视域

7）船舷视域

在翼桥上观察船舷应清晰可见，翼桥应延伸至船舷的最宽位置，船舷上部的视域不应被遮挡。

8）盲区

（1）导航与操纵工作站的安全眺望不应该受盲区的影响。

（2）导航与操纵工作站正前方到左、右两侧各 10°范围内的单个盲区不超过 5°。

（3）导航与操纵工作站正前方到左、右两侧各 10°范围内的盲区总和不超过 10°。

（4）导航与操纵工作站正横前方 180°范围内的单个盲区不超过 10°。

（5）导航与操纵工作站正横前方 180°范围内所有盲区的总和不超过 20°。

（6）导航与操纵工作站正横后方两侧各 22.5°范围内的单个盲区不超过 10°。

（7）导航与操纵工作站正横后方两侧各 22.5°范围内的盲区总和不超过 10°。

（8）在导航与操纵工作站所需的 225°的视域内的单个盲区不应超过 10°。

（9）在导航与操纵工作站所需的 225°的视域内的盲区总和不应超过 30°。

（10）在导航与操纵工作站，任意两个盲区之间的可视区不应小于 5°。

（11）在导航与操纵工作站，从正横后方两侧 22.5°起向前的最小可视区不应小于 5°。

导航与操纵工作站的水平面 225°视域和船头正前方垂直面 20°视域的可视域要求见图 5–9。船上指挥官使用的工作站也要求这种指挥视域，以便于进行导航和监视，并可作为额外的指挥地点和领航员轮换使用。

9）坐姿视域与站姿视域

（1）应从坐姿视角参照点来设置坐姿操纵位置的视域，站姿操作位置的视域应该能够允许操作者移动观测。

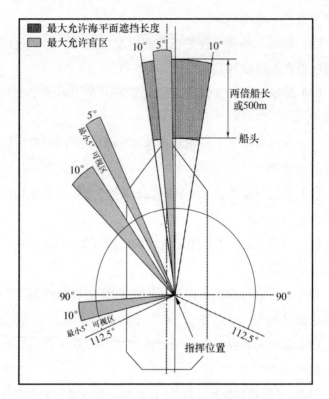

图 5 - 9　导航与操纵工作站的可视域要求

（2）执行航路监测和交通监视的工作站，应具有坐姿位置和站姿位置的最佳工作视域。

10）指挥位置

（1）从指挥位置观察海面，在考虑通风设备、装饰物和甲板货物等条件下，从船首正前方到左、右两侧各 10° 的范围内，视线被遮挡的长度应不大于船的两倍长度或者 500m（取两者之间长度小者）。

（2）水平视域应不小于 225°，即从一舷正横向后 22.5° 起，绕舰首延展至另一舷正横向后 22.5° 止。

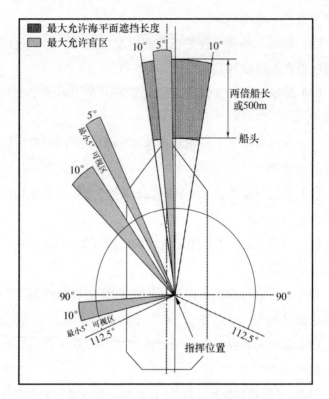

112

11）前窗下边缘

（1）从导航、操纵和监视工作站的座位上看过去,前窗下边缘的高度不应阻碍看向船头的视线。

（2）由于视域要求,前窗下边缘到驾驶室地面的高度应尽可能地低,其高度不能超过 1000mm。

12）前窗上边缘

（1）前窗上边缘视线应至少与水平面保持 10°以上夹角。

（2）前窗上边缘距地面的高度最低应为 2000mm。

2. 工作环境设计的工效学要求

舰桥的工作环境设计的工效学要求由气候、空调和通风、噪声、振动、照明、色彩和职业安全组成。其中,气候设计的工效学设计要求如下。

1）有效温度

根据季节与气候进行适当着装时,为便于作业人员完成轻便工作,应确保如下两点。

（1）在温暖气候或者夏季时,有效温度最佳范围在 21℃ ~ 27℃之间。

（2）在寒冷气候或者冬季时,有效温度最佳范围在 18℃ ~ 24℃之间。

2）设备温度

电子信息系统的设备在正常工作条件下,其温度有如下两点。

（1）工作人员经常接触的前面板和操作控制装置等处的温度应不超过 49℃。

（2）设备中其他暴露的部件及机壳等部位的温度应不超过 60℃。

3）舱室温度

舱室内局部送冷风时,应使人体在风口下头部区域要求温度为25℃～30℃。

4）温差

（1）工作区任何两点的温差应维持在5℃以下。例如,地面空气和顶部空气的温差。

（2）工作舱室内人员活动区垂直温差以人均身高1.8m计不超过3℃。

（3）工作舱室内人员活动区水平温差不超过1℃/m,且同一舱内不超过2℃。

5）湿度

（1）舱室内局部送冷风时,应使人体在风口下头部区域相对湿度不超过70%。

（2）湿度应维持在20%～60%之间,以40%～45%为最优。

5.1.2 人机界面评价要求

1. 评价内容

人机界面评价的目的是检查人机界面的设计是否遵循了相关的工效学标准,以及与标准符合的程度如何。因此,评价内容应包括人机界面设计标准中的所有设计要求。为便于评价工作的实施,应根据标准提出相应的人机界面评价指标,并逐条进行评价。

2. 评价方法

评价方法必须能够完成对人机界面设计标准中的所有设计要求的评价。由5.1.1节的人机界面设计要求的表述中可知,工效学设计要求种类较多。有几何参数类的,如"导航与操纵工作站正前方到左、右两侧各 10°范围内单个盲区不超过5°"等。有仪器测量类的,如"湿度应维持在 20% ~60% 之间,以 40% ~45% 为最优"等。还有人的主观感受类的,如"导航工作站的视域应保证能观察到所有可能影响舰船安全航行的物体"等。

应对人机界面的评价指标进行分类,对于不同类型的设计要求应采用不同的评价方法。

5.2 人机界面设计与评价指标的确定

5.2.1 设计与评价指标的分类

在进行人机界面设计与评价时,首先要根据项目的要求对工效学标准进行分析,提出具体的设计与评价指标,并结合设计与评价的技术手段对设计与评价指标的相关内容进行分类。例如,可以将人机界面设计与评价指标分为参数类和指导原则类两种类型。

1. 参数类

这类指标是以参数的形式对人机界面的设计与评价提出工效学要求。该类指标可以通过对设计参数的测量来评价其是否满足工效学要求。

参数类指标包括尺寸、角度、温度、湿度、振动、噪声、照明、加速度、力、力矩等。这些参数有的通过几何测量或专业软件即可获得测量值,进而完成人机界面的评价,有的则需要借助专用的测量仪器获得测量值,然后再进行评价。

2. 指导原则类

这类指标是以指导性原则的形式对人机界面的设计与评价

提出工效学要求。该类指标一般通过人的主观感受来评价其是否满足工效学要求。

指导原则类评价指标一般难以做到定量评价,仅能采用定性的评价方法去描述人机界面的设计与标准的吻合程度。

5.2.2 设计与评价指标的确定

人机界面设计与评价指标是根据相关的工效学标准整理出来的。表5-1为根据5.1节整理出的舰桥驾驶室视域和盲区人机界面设计与评价指标及其对应的工效学标准。

表5-1 舰桥驾驶室视域和盲区人机界面设计与评价指标及工效学标准

设计与评价指标		工效学标准
船首正前方到左、右两侧各10°范围视线被遮挡长度/mm		小于或等于船的长度或500m(取两者之间长度小者)
导航、操纵与指挥工作站水平(225°)正横后视域	水平(225°)正横后视域(左舷)/(°)	≥22.5
	水平(225°)正横后视域(右舷)/(°)	≥22.5
监视工作站水平(202.5°)正横后视域	水平(202.5°)正横后视域(左舷)/(°)	≥0
	水平(202.5°)正横后视域(右舷)/(°)	≥22.5
正后方水平视域	正后方水平左侧视域/(°)	≥5
	正后方水平右侧视域/(°)	≥5
前窗下边缘视线	前窗下边缘不应阻碍看向船头的视线	不阻碍
	左舷10°至右舷112.5°窗下边缘向海面视线不被遮挡	不被遮挡
	窗下边缘距地面高度/mm	≤1000
前窗上边缘视线	窗上边缘视线与水平面夹角/(°)	≥10
	窗上边缘距地面高度/mm	≥2000
正前方到左、右两侧各10°单个盲区	正前方到左侧10°单个盲区/(°)	≤5
	正前方到右侧10°单个盲区/(°)	≤5
	正前方到左、右两侧各10°盲区总和/(°)	≤10

116

设计与评价指标		工效学标准
正横前方180°盲区	正横前方180°单个盲区/(°)	≤10
	正横前方180°盲区总和/(°)	≤20
正横后方左、右两侧22.5°盲区	正横后方左侧22.5°单个盲区/(°)	≤10
	正横后方右侧22.5°单个盲区/(°)	≤10
	正横后方左侧22.5°盲区总和/(°)	≤10
	正横后方右侧22.5°盲区总和/(°)	≤10
工作站所需225°视域内盲区	工作站所需225°视域内单个盲区/(°)	≤10
	工作站所需225°视域内盲区总和/(°)	≤30
任意两个盲区间的可视范围/(°)		≥5
正横后方左侧22.5°起向前最小可视范围	正横后方左侧22.5°起向前最小可视范围/(°)	≥5
	正横后方右侧22.5°起向前最小可视范围/(°)	≥5

表5-2为根据5.1节的要求整理出的舰桥工作环境人机界面设计与评价指标及其对应的工效学标准。

表5-2 舰桥工作环境人机界面设计与评价指标及工效学标准

设计与评价指标	工效学标准
在温暖气候或者夏季时,有效温度最佳范围为21℃~27℃	21℃~27℃
在寒冷气候或者冬季时,有效温度最佳范围为18℃~24℃	18℃~24℃
工作人员经常接触的前面板和操作控制装置等处的温度应不超过49℃	≤49℃
设备中其他暴露的部件及机壳等部位的温度应不超过60℃	≤60℃
舱室内局部送冷风时,应使人体在风口下头部区域要求温度为25℃~30℃	25℃~30℃
工作区任何两点的温差应维持在5℃以下,如地面空气和顶部空气的温差	≤5℃
工作舱室内人员活动区垂直温差以人均身高1.8m计不超过3℃	≤3℃
工作舱室内人员活动区水平温差不超过1℃/m,且同一舱内不超过2℃	≤1℃/m, ≤2℃
舱室内局部送冷风时,应使人体在风口下头部区域相对湿度不超过70%	≤70%
湿度应维持在20%~60%,以40%~45%为最优	20%~60%

原则上应将工效学标准中的所有要求都纳入设计与评价指标体系。然而，由于受不同设计阶段、建造阶段或技术条件的限制，在某一阶段可能不具备对所有工效学要求进行设计与评价的条件，此时应对工效学要求进行裁减，选取不同阶段可以实施的工效学标准作为设计与评价的指标。

5.3　人机界面评价的算法

为贯彻和实施工效学设计标准，应对所有类型设计标准的执行情况进行评价。对几何参数类指标可采用数字化三维模型进行测量和评价；对仪器测量类指标可通过实测或专用软件进行计算和评价；对指导原则类指标可通过评价人主观感受的定性描述，用检查表方法进行评价。

5.3.1　几何参数类指标评价算法

为获得量化的评价结果，需要建立评价指标设计值与标准值之间的函数关系，用评价分数反映设计值与标准值之间的符合程度。评价结果可采用百分制，100 分对应于标准中评价指标的推荐值，60 分对应于标准中该评价指标的最大或最小极限值。超过极限值时，评价分数为 0 分，说明设计值不符合标准的规定。评价结果越接近 100 分说明设计值越接近标准中的推荐值。

参数类指标有三种表达形式。各种表达形式的设计值与对应的评价结果分数之间的关系可定义如下。

（1）参数类指标是一个区间值 $[x_1, x_2]$，要求设计值在该区间内。当设计值 $x \in [x_1, x_2]$ 时，评价结果分数为 100 分，满足标准要求,否则为 0 分,即不满足标准要求。

（2）参数类指标是一个具体值 C，要求设计值大于或等于（或小于或等于）该值。当设计值 $x \geqslant C$（或 $x \leqslant C$）时,评价结果分数为 100 分,满足标准要求,否则为 0 分,即不满足标准要求。

（3）参数类指标是一个区间值 $[x_1, x_4]$，此外还有推荐值范围 $[x_2, x_3]$ 或一个推荐值 C（当 $x_2 = x_3$ 时）。此时可规定,满足推荐值范围或推荐值要求的为 100 分。在标准值区间 $[x_1, x_4]$ 上下限的值为 60 分,超出该范围为 0 分,即

① 当 $x_2 \neq x_3$ 时,设计值与评价结果分数的函数关系见图5 - 10。

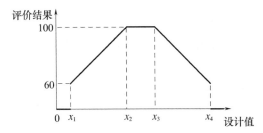

图 5 - 10　设计值与评价结果分数的函数关系（当 $x_2 \neq x_3$ 时）

② 当 $x_2 = x_3 = C$ 时,设计值与评价结果分数的函数关系见图 5 - 11。

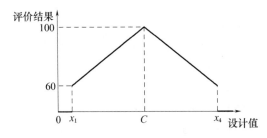

图 5 - 11　设计值与评价结果分数的函数关系（当 $x_2 = x_3 = C$ 时）

根据上述思想整理的视域和盲区设计值与评价结果之间的对应关系见表 5 - 3。

表 5 - 3　视域和盲区设计值与评价结果之间的对应关系

评价指标		设计与评价标准	评价分数	
			100	0
船首正前方到左、右两侧各 10° 范围视线被遮挡长度/mm		小于或等于船的长度或500m（取两者之间长度小者）	小于或等于船的长度或500m（取两者之间长度小者）	大于船的长度或500m（取两者之间长度小者）
导航、操纵与指挥工作站水平(225°)正横后视域	水平(225°)正横后视域（左舷）/(°)	≥22.5	≥22.5	<22.5
	水平(225°)正横后视域（右舷）/(°)	≥22.5	≥22.5	<22.5
监视工作站水平(202.5°)正横后视域	水平（202.5°）正横后视域（左舷）/(°)	≥0	≥0	<0
监视工作站水平(202.5°)正横后视域	水平（202.5°）正横后视域（右舷）/(°)	≥22.5	≥22.5	<22.5
正后方水平视域	正后方水平左侧视域/(°)	≥5	≥5	<5
	正后方水平右侧视域/(°)	≥5	≥5	<5
前窗下边缘视线	前窗下边缘不应阻碍看向船头的视线	不阻碍	不阻碍	阻碍
	左舷10°至右舷112.5°窗下边缘向海面视线不被遮挡	不被遮挡	没被遮挡	被遮挡
	窗下边缘距地面高度/mm	≤1000	≤1000	>1000

评价指标		设计与评价标准	评价分数	
			100	0
前窗上边缘视线	窗上边缘视线与水平面夹角/(°)	≥10	≥10	<10
	窗上边缘距地面高度/mm	≥2000	≥2000	<2000
正前方到左、右两侧各10°单个盲区	正前方到左侧10°单个盲区/(°)	≤5	≤5	>5
	正前方到右侧10°单个盲区/(°)	≤5	≤5	>5
	正前方到左右两侧10°盲区总和/(°)	≤10	≤10	>10
正横前方180°盲区	正横前方180°单个盲区/(°)	≤10	≤10	>10
	正横前方180°盲区总和/(°)	≤20	≤20	>20
正横后方左、右两侧22.5°盲区	正横前方左侧22.5°单个盲区/(°)	≤10	≤10	>10
正横后方左、右两侧22.5°盲区	正横后方右侧22.5°单个盲区/(°)	≤10	≤10	>10
	正横后方左侧22.5°盲区总和/(°)	≤10	≤10	>10
	正横后方右侧22.5°盲区总和/(°)	≤10	≤10	>10
工作站所需225°视域内盲区	工作站所需225°视域内单个盲区/(°)	≤10	≤10	>10
	工作站所需225°视域内盲区总和/(°)	≤30	≤30	>30
任意两盲区间的可视范围/(°)		≥5	≥5	<5

（续）

评价指标		设计与评价标准	评价分数	
			100	0
正横后方左侧22.5°起向前最小可视范围	正横后方左侧22.5°起向前最小可视范围/(°)	≥5	≥5	<5
	正横后方右侧22.5°起向前最小可视范围/(°)	≥5	≥5	<5

　　对于采用仪器测量的评价指标,实际测量值、标准值和对应的评价结果分数之间的关系可参照几何参数类指标评价方法执行。

　　根据上述思想整理的气候设计值与评价结果之间的对应关系见表5-4。

表5-4　气候设计值与评价结果之间的对应关系

评价指标	设计与评价标准	评价分数		
		100	(100,60)	0
在温暖气候或者夏季时,有效温度最佳范围为21℃~27℃	21℃~27℃	21℃~27℃		<21℃或>27℃
工作人员经常接触的前面板和操作控制装置等处的温度应不超过49℃	≤49℃	≤49℃		>49℃
设备中其他暴露的部件及机壳等部位的温度应不超过60℃	≤60℃	≤60℃		>60℃
舱室内局部送冷风时,应使人体在风口下头部区域要求温度为25℃~30℃	25℃~30℃	25℃~30℃		<25℃或>30℃

（续）

评价指标	设计与评价标准	评价分数		
		100	（100,60）	0
工作舱室内人员活动区垂直温差以人均身高1.8m不超过3℃	≤3℃	≤3℃		>3℃
工作舱室内人员活动区水平温差不超过1℃/m，且同一舱内不超过2℃	≤1℃/m，≤2℃	≤1℃/m，≤2℃		>1℃/m，>2℃
舱室内局部送冷风时，应使人体在风口下头部区域相对湿度不超过70%	≤70%	≤70%		>70%
湿度应维持为20%～60%，以40%～45%为最优	20%～60%	40%～45%	20%～40%或45%～60%	<20%或>60%

5.3.2 指导原则类指标评价算法

指导原则类指标评价可以采用检查表方法评价。

指导原则类指标的评价主体为评价人，即根据评价人的主观感受给出相应评价指标的评价结果。主观评价结果多以定性语言区分不同的主观感受。根据评价的内容，评价结果有以下两种表述方式。

（1）"是"或"否"，即评价结果只有两个级别。

（2）"优"、"良"、"中"、"差"、"极差"等，即评价结果有多个级别。

根据 G. Miller 关于人的一维绝对判断能力为 5 级~9 级的研究成果，一般采用 5 级或 7 级划分法。例如，把人对某指标的主观感受用"很好"、"好"、"一般"、"差"、"很差"来表示。采用较少的等级（如 3 级）会使评价结果过于粗糙，不利于详细描述人的主观感受;采用较多的等级(例如大于9级)则会由于人的能力限制而导致混淆,反而影响了评价结果的准确性。在满足甄别要求的情况下,尽可能选用较少的级别,以提高评价工作的效率。

为使定性的指导原则类评价结果能与定量的参数类评价结果进行混合运算,需要将指导原则类的评价结果"等级"转化为参数类的评价结果"分数"。等级与分数之间的对应关系可以近似用表5-5来对应。

表5-5 等级与分数之间的对应关系

等级	是	否	优	良	中	差	极差
分数	100	0	90	80	70	60	0

根据5.1节和上述约定整理的视域和盲区检查表参见表5-6。

表5-6 视域和盲区检查表

评价指标	评估结果(分数)						
	2级划分		5级划分				
	100	0	90	80	70	60	0
导航工作站的视域应保证能观察到所有可能影响舰船安全航行的物体(如船或灯塔)							
在导航与操纵工作站,应该能够使用船后面成行的灯光或标志作为驾驶船只的参考							
导航与操纵工作站的安全瞭望应该不受盲区的影响							
执行航路监测和交通监视的工作站,应具有站姿和坐姿位置的最佳工作视域							
在翼桥上观察船舷应清晰可见							
翼桥应延伸至船舷的最宽位置							
船舷上部的视域不应被遮挡							

第6章　数字化人体模型开发及应用

人是构成人机界面的要素之一,数字化人体模型可用于构建人与机器的三维空间位置关系等多种用途。

本章开发的数字化人体模型能够提供三维虚拟设计所需的人体结构尺寸、站姿或坐姿等人体姿态、视域以及肘高等三维虚拟设计与评价基准点和基准面。例如:以鼻桥点或眼点为视锥顶,能够可视化地显示双眼或单眼的视域;以肩关节为球心,触及域为半径生成的球面,能够可视化地显示手的可触及范围。当改变人体模型的百分位数、位置或姿态时,视域、盲区和手的触及域也随之改变。根据视域和触及域的范围显示,设计人员能够可视化地对人机界面的布置进行评价。

6.1　人体模型开发技术方案

6.1.1　开发平台

为使开发的数字化人体模型能与三维建模环境集成,选用三维建模软件 UG 作为数字化人体模型的开发平台。表 6－1 为数字化人体模型开发过程中,利用的主要开发工具以及用途。

开发时,在 ugopen 目录下设 application、startup、code、udo 四个文件夹。其中:application 文件夹存放具体的功能扩展程序文件,包括 UI Styler 对话框文件(＊.dlg)、工具栏图标文件

125

表6-1 数字化人体模型主要开发工具及用途

开发工具	用 途
Microsoft Visual C++ 6.0	代码编辑与调试
UG/Open API	UG 和与外部应用程序的连接
UG/Open UIStyle	制作创建人体模型的对话框
UG/Open MenuScript	开发 UG 用户菜单
MicroSoft Office Access 数据库	存储 GB10000-88 人体尺寸数据
UG NX 6.0	人体模型的开发平台和运行环境

图6-1 为数字化人体模型开发流程。

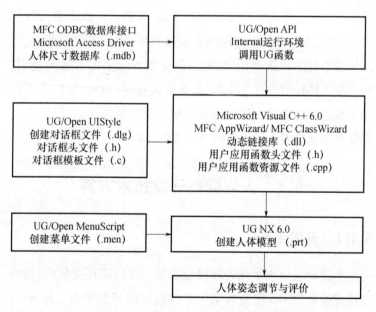

图6-1 数字化人体模型开发流程

(*.bmp)和文图调色板文件(*.ubm);startup 文件夹用于存放 UG 启动时需要加载的动态链接文件(*.dll)、菜单脚本文件(*.men)和用户工具栏脚本文件;code 文件夹用于存放用户编制的程序源文件；udo 文件夹用于存放用户定义的数据库和链接等文件。

打开 UG NX6.0 后，UG NX6.0 自动到注册过的 UG 工程目录下查找并加载菜单文件(. men)、对话框文件(. dlg)以及动态链接库文件(. dll)。然后通过菜单文件(. men)调用对话框文件(. dlg)，对话框中设定的回调函数从动态链接库文件(. dll)中加载，从而完成一系列设计与评价计算。

6.1.2　开发方法

人体模型的构造采用面向对象方法。该方法可描述如下：

（1）客观世界是由各种对象组成的，任何客观事物都是对象，每一个对象都有自己的运动规律和内部状态，每一个对象都属于某个对象类。复杂的对象可以由相对简单的各种对象以某种方式构成。不同对象的组合及相互作用构成我们要研究、分析和构造的客观系统。

（2）通过类比，发现对象间的相似性，即对象间的共同属性，以此为根据构成对象类。类可以有子类和父类等层次，下一层次的对象可自然地继承上一层次对象的属性。

（3）对于类的各个对象，可以通过定义一组方法来说明该对象的功能，即允许作用于该对象上的各种操作。对象间的相互联系是通过传递消息来完成的，消息就是通知对象去完成一个允许作用于该对象的操作。对象完成该操作的细节封装在相应的对象类的定义中，对于外界是隐蔽的。面向对象方法比较自然地模拟了人类认识客观世界的方式，反映了人类在认识过程中由一般到特殊的演绎功能或由特殊到一般的归纳功能。

应用面向对象方法的继承性可以用很少的代码即可使不相同的肢体类具有共同的属性,可以方便地抽象肢体的几何形状、尺寸和相对位置关系,通过继承的方法实现不同百分位和不同姿态的人体模型构造。

6.2 人体模型构造

6.2.1 人体模型的构造方法

1. 人体模型构造方法

人体模型采用几何实体构造。将人体模型划分成头部、躯干、上肢和下肢四个部分。其中:头部包括头、鼻桥点、左右眼和颈;躯干包括胸、腰和臀;上肢包括肩关节、上臂、肘关节、前臂、腕关节、手掌、手指和指关节;下肢包括髋关节、大腿、膝关节、小腿、踝关节和足。采用几何实体构造的人体模型表现人体的结构特征,同时可以精确地表达人体模型的测量基准面和基准点。

表 6 - 2 为人体模型各部分及抽象表达方式。

表 6 - 2 人体模型各部分及抽象表达方式

人体体段		抽象表达方式
头部	头	立方体
	鼻桥点	球体
头部	左右眼	球体
	颈	圆柱体

人体体段		抽象表达方式
躯干	胸	立方体
	腰	立方体
	臀	立方体
上肢	肩关节	球体
	上臂	锥台体
	肘关节	球体
	前臂	锥台体
	腕关节	球体
	手掌	立方体
	手指	锥台体
	指关节	球体
下肢	髋关节	球体
	大腿	锥台体
	膝关节	球体
	小腿	锥台体
	踝关节	球体
	足	立方体

　　应用面向对象方法将人体模型抽象为人体类和三维变换类两个基类。人体类由表6-2中的立方体肢体类、圆柱体肢体类、锥台体肢体类和球体肢体类子类构成。通过三维变换类将人体的各个体段进行组合，生成具有测量用途的基准面和基准点，满足人机工程评价要求的人体模型。

　　表6-3为类的名称及说明，列出了人体类、三维变换类和

数据表类的名称及说明。

表 6 – 3　类 的 名 称 及 说 明

类的名称	说　　明
CHumanModelApp	应用程序类。代表应用程序本身
CHumanBody	人体类。用于人体模型尺寸数据处理。包括性别、人体百分位数和人体各部分尺寸的计算等
CWCSTransform	坐标变换类。封装了 UG/Open API 中有关坐标变换的函数。用于 UG 环境中的坐标变换，包括移动坐标系、旋转坐标系等
CBlock	立方体类。封装了 UG/Open API 中创建立方体模型的函数。继承 CWCSTransform 类属性，用于生成自定义长、宽和高的立方体模型
CCone	锥台类。封装了 UG/Open API 中创建锥台模型的函数。继承 CWCSTransform 类属性，用于生成自定义高、下底面直径和锥台角的锥台模型
CCylinder	圆柱体类。封装了 UG/Open API 中创建圆柱体模型的函数。继承 CWCSTransform 类属性，用于生成自定义高和直径的圆柱体模型
CSphere	球体类。封装了 UG/Open API 中创建球体模型的函数。继承 CWCSTransform 类属性，用于生成自定义直径的球体模型
CMaleTable	男性数据表类。继承 CRecordset 类属性，用于连接数据库，从中提取男性人体尺寸数据
CFemaleTable	女性数据表类。继承 CRecordset 类属性，用于连接数据库，从中提取女性人体尺寸数据

2. 人体模型辅助功能

为拓展人体模型在人机界面设计与评价中的功能,在人体模型的基础上增加了部分辅助功能。包括显示左右手触及域,双眼或单眼的视域。表6-4为人体模型辅助功能表达方式。

表6-4 人体模型辅助功能表达方式

辅助功能	表达方式
眼睛的视域	圆锥体
手部的触及域	半球体

人体模型的手部触及域功能可用于设计或评价操纵器的布置范围;人体模型的双眼或单眼可视域功能可用于设计或评价显示器的布置范围。

以人体体段为基础,通过三维变换,逐步累加几何实体的方式即可创建出所需的人体模型,人体模型的创建层次见图6-2。

6.2.2 人体模型尺寸数据库选择

依据 GB 10000—88 建立的人体模型所涉及的尺寸数据量不大,数据间的关系不复杂,故可采用 Access 数据库。Access 数据库的操作和维护简单,能够满足建立人体模型数据库的要求。同时,使用 Microsoft Visual C++ 6.0平台下的 MFC ODBC 数据库接口,可在 UG 二次开发平台下实现对数据的操作。

采用数据库一方面可以做到数据共享,为编写程序提供方便,另一方面当人体尺寸数据发生变化时,只需要更新数据库即可更新人体模型,而不需要重新编写源代码。

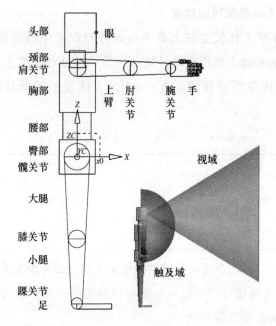

图 6 - 2　人体模型的创建层次

6.2.3　人体模型肢体尺寸

在保证国标 GB 10000—88 中提供的人体测量项目准确的前提下,为生成完整的人体模型,需要对国标中未给出的肢体尺寸进行估算,例如颈部等尺寸。估算值仅用于完整地表达人体模型,不影响人体模型测量基准的准确性。

6.2.4　任意百分位数人体模型尺寸计算

由于国标 GB 10000—88 中只提供了第 1、5、10、50、90、95和 99 百分位的人体尺寸,不能创建任意百分位的人体模型。为此,我们采用线性插值的方法,以便获得连续的人体百分位尺寸值。设计或评价时可以根据需要创建出第 1 百分位至第 99 百分位的所有人体模型。

6.3 人体模型调用与姿态调节

6.3.1 人体模型调用与参数设置

人体模型通过菜单调用。UG/OPEN MenuScript 具有通过编辑纯文本的 Menu 文件创建并修改 UG 的主菜单及下拉菜单的功能。启动 UG 时,系统自动加载菜单文件。启动 UG 后,自动加载的创建船员人体模型的下拉菜单见图 6-3。

图6-3 创建船员人体模型的下拉菜单

对人机界面进行评价时需要选择具有不同性别、姿态和百分位数的人体模型。这些人体模型参数可以在创建船员人体模型的对话框中进行设置。UG/OPEN UIStyler 提供创建 UG 风格对话框的功能,并通过 UG 菜单调用创建人体模型对话框。

为便于人机界面的评价,可在创建人体模型对话框中设计显示手的触及域以及眼的视域等功能选项。本章开发的创建人体模型对话框见图 6-4。

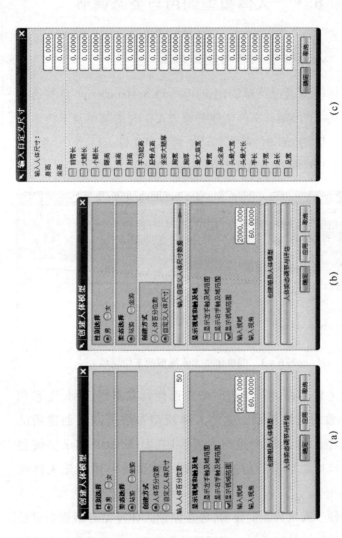

图6—4　创建人体模型对话框

(a) 按百分位数创建;　(b) 按自定义尺寸创建;　(c) 按自定义尺寸创建对话框。

由图6-4可见,这里设计了两种人体模型的创建方式。一种是根据人体的百分位数创建人体模型(见图6-4(a)),该方式可以清楚地表示人体模型尺寸属于大身材、中等身材或小身材。另一种是以自定义的方式创建人体模型(见图6-4(b)和图6-4(c)),该方式可以创建特定尺寸的人体模型。

设置好上述参数后,按创建人体模型按钮即可生成所需的船员人体模型。创建的坐姿和站姿船员人体模型见图6-5。

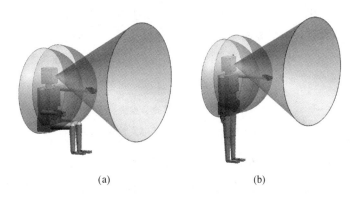

(a)   (b)

图6-5　船员人体模型

(a) 坐姿;(b) 站姿。

6.3.2　人体模型姿态调节

人在完成操纵任务的过程中,身体姿态是变化的。为了能够模拟人在执行操纵任务中关节角度变化,需要根据人机工程学标准赋予人体模型关节运动自由度和活动范围。人体和手部关节点坐标系见图6-6。

为了模拟人的真实工作姿态,需要对人体模型的各个关节角度进行调节。例如,应能够调节人体模型的头部转动角度,包括垂直面转角和水平面转角,以实现不同的头部姿态。

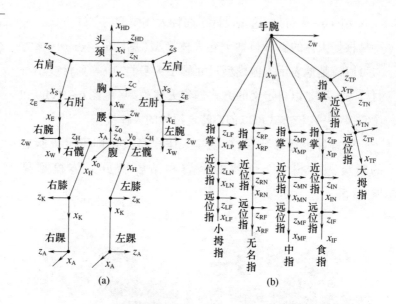

图 6-6　人体和手部关节点坐标系

（a）人体关节点坐标系；（b）手部关节点坐标系。

在描述人体姿态时，由于肢体的互相连接关系，一个肢体的运动将会引起与之相连的其他肢体空间位置的变化。例如，头部的转动将会引起人眼视点位置的改变，从而引起视域的改变。头部的转动引起人眼视点位置在绝对坐标系中的改变可用如下变换方程表示。

$$R(\alpha,\beta,\gamma) = \begin{vmatrix} \cos\beta \cdot \cos\gamma & -\cos\beta \cdot \sin\gamma & \sin\beta \\ \sin\alpha \cdot \sin\beta \cdot \cos\gamma + \cos\alpha \cdot \sin\gamma & \cos\alpha \cdot \cos\gamma - \sin\alpha \cdot \sin\beta \cdot \sin\gamma & -\sin\alpha \cdot \cos\beta \\ \sin\alpha \cdot \sin\gamma - \sin\beta \cdot \cos\alpha \cdot \cos\gamma & \sin\beta \cdot \sin\gamma \cdot \cos\alpha + \sin\alpha \cdot \cos\gamma & \cos\alpha \cdot \cos\beta \end{vmatrix}$$

式中：α、β、γ 分别表示坐标系中 x、y、z 轴的旋转角度，即人体模型的头部转角。

根据人体模型头部转角的大小可评价人的头部关节舒适性。表 6-5 为人体模型各个关节转动极限范围与舒适范围。

表 6 - 5　人体模型各个关节转动极限范围和舒适范围

关节	活动状态	极限范围/(°)	舒适范围/(°)
颈关节	左歪、右歪	- 20 ~ + 20	- 20 ~ + 20
	低头、仰头	- 51.5 ~ + 45	- 30 ~ + 20
	左转、右转	- 56 ~ + 56	- 45 ~ + 45
胸关节	前弯、后弯	0 ~ + 10	0 ~ + 10
腰关节	左弯、右弯	- 40 ~ + 40	- 4 ~ + 4
	左转、右转	- 43 ~ + 43	- 25 ~ + 25
髋关节	内摆、外摆	- 10 ~ + 30	- 5 ~ + 20
	前弯、后弯	- 17 ~ + 117	+ 61 ~ + 85
	内拐、外拐	- 50 ~ + 40	- 15 ~ + 15
膝关节	前摆、后摆	0 ~ + 160	+ 44 ~ + 86
踝关节	弯曲、伸展	- 79 ~ + 25	- 20 ~ + 5
	内收、外展	- 55 ~ + 63	- 30 ~ + 40
肩关节	内摆、外摆	- 135 ~ + 90	- 100 ~ 0
	上摆、下摆	0 ~ + 180	0 ~ + 30
	前摆、后摆	- 45 ~ + 135	+ 40 ~ + 90
肘关节	弯曲、伸展	0 ~ + 142	+ 15 ~ + 100
腕关节	弯曲、伸展	- 85 ~ + 100	- 25 ~ + 45
	内摆、外摆	- 45 ~ + 45	0 ~ + 10

6.3.3　人体模型舒适性评价

为了能够实时和可视化地表示人体模型各个关节角度和舒适性的变化关系,设计了关节角度调节与舒适性评价对话框。用对话框中的滑块调节关节角度值,并调用后台程序中各个关节角度调节的相关代码,实现人体模型姿态的联动。由按钮调用评价程序实现对人体模型舒适性的评价。头部关节角度调节与舒适性评价对话框见图 6 - 7。

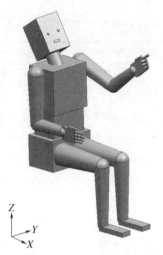

图6-7　头部关节角度调节与舒适性评价对话框

　　人体模型的姿态调节和舒适性评价可用于人机界面的设计与评价。相同身高的人操纵不同位置的操纵器时人的舒适性评价见图6-8。不同身高的人操纵相同位置的操纵器时人的舒适性评价见图6-9。

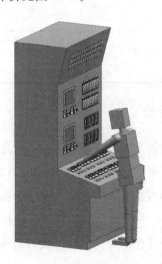

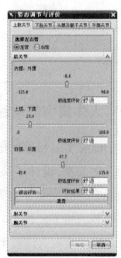

(a)

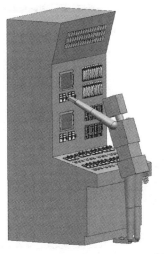

(b)

图6-8　相同身高的人操纵不同位置的操纵器时人的舒适性评价

(a) 操纵斜面上的操纵器；(b) 操纵立面上的操纵器。

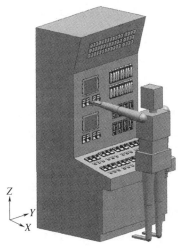

(a)

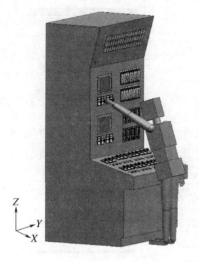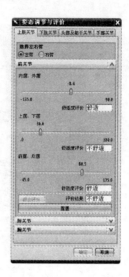

(b)

图 6 – 9　不同身高的人操纵相同位置的操纵器时人的舒适性评价

(a) 第 95 百分位的人体模型；(b) 第 5 百分位的人体模型。

　　由图 6 – 8 可见，操纵器的布置区域不同，操纵时人体模型的舒适性也不同。对于图示第 5 百分位人体模型：当操纵斜面上的操纵器时，舒适性较好；当操纵立面上的操纵器时，舒适性较差。

　　由图 6 – 9 可见，对于位置相同的操纵器，不同身高的人操纵时其舒适性也不同。第 95 百分位人体模型操纵立面上的操纵器时，舒适性较好；第 5 百分位人体模型操纵立面上的操纵器时，舒适性较差。

　　不同百分位人体模型观察相同位置的显示器时人的舒适性评价见图 6 – 10。第 95 百分位人体模型观察不同位置显示器的舒适性评价见图 6 – 11。

　　由图 6 – 10 可见，第 95 百分位人体模型观察光字牌时的舒适性较好，第 5 百分位人体模型观察光字牌时的舒适性较差。

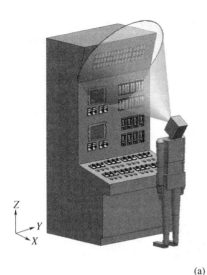

(a)

(b)

图 6 – 10 不同百分位人体模型观察相同位置的显示器时人的舒适性评价

（a）第 5 百分位人体模型观察光字牌；（b）第 95 百分位人体模型观察光字牌。

由图 6 – 11 可见，同为第 95 百分位人体模型，观察平板显示器时的舒适性较好，观察光字牌时的舒适性较差。

141

(a)

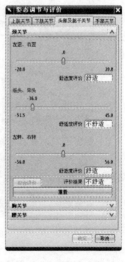

(b)

图 6-11　第 95 百分位人体模型观察不同位置显示器的舒适性评价

（a）观察平板显示器；（b）观察光字牌。

由上述评价可见,采用数字化人体模型对人机界面进行可视化评价易于理解,评价结果直观。设计与评价人员不必记忆大量的标准数据,从而减轻工作负荷,提高设计与评价工作的效率。

第7章 舰船驾驶室视域和盲区评价

舰船驾驶室是指舰桥上封闭的空间范围,两侧开放的空间称为翼桥。驾驶室是舰船的指挥与控制中枢,约有80%的事故都在不同程度上与驾驶室的视域设计有关,驾驶室的视域设计对舰船的安全影响巨大。

视域和盲区是驾驶室人机界面评价的重要指标。本章依据舰桥驾驶室视域和盲区评价指标,通过开发驾驶室人机界面评价软件,对驾驶室的视域和盲区进行评价。

7.1 驾驶室视域和盲区的评价方法

7.1.1 驾驶室视域和盲区评价指标

为完成驾驶室视域和盲区的评价,应首先确定驾驶室人机界面的评价指标。本书5.2节的表5-1列出了舰桥视域和盲区设计与评价指标及其对应的人机环境标准。本节以舰桥驾驶室的视域和盲区评价指标为例,对舰桥驾驶室进行视域和盲区的评价。

7.1.2 驾驶室视域和盲区评价流程

驾驶室视域和盲区的评价流程见图7-1。

首先,以驾驶室视域和盲区初步设计方案为基础,选择船员

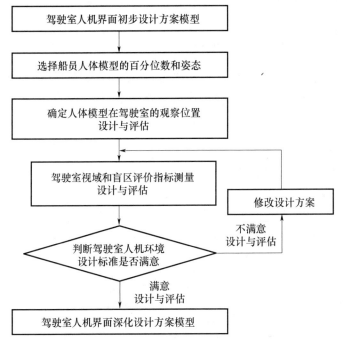

图 7 - 1 驾驶室视域和盲区的评价流程

的人体模型百分位数和姿态,并确定人体模型在驾驶室的观察位置。其次,按驾驶室视域和盲区评价指标逐一对视角进行测量,将测量结果与驾驶室视域和盲区设计标准进行对比,发现不满足标准要求的指标。最后,结合具体的工程实际,对驾驶室的视域和盲区做出满意或不满意的评价结论。不满意则修改初步设计方案,再重新评价;满意则结束评价,得到深化的驾驶室视域和盲区设计方案。

7.2 驾驶室视域和盲区评价软件开发

为提高驾驶室视域和盲区评价的直观性、效率和准确性,可通

145

过开发评价软件完成对驾驶室视域和盲区的评价。

7.2.1 开发环境和流程

选用 UG 软件平台作为驾驶室视域和盲区评价软件的开发环境,以便将数字化船员人体模型和驾驶室视域和盲区评价软件在驾驶室三维数字化模型软件平台上集成。

驾驶室视域和盲区评价软件的菜单、对话框以及后台计算程序的开发流程见图 7-2。

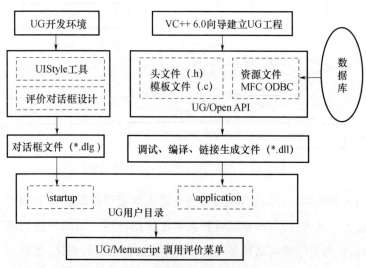

图 7-2 驾驶室视域和盲区评价软件的开发流程

7.2.2 软件模块结构和对话框

驾驶室导航、操纵与指挥工作站视域和盲区评价软件的模块结构见图 7-3。

导航、操纵与指挥工作站视域和盲区下拉菜单见图7-4,导航、操纵、指挥与监视工作站视域和盲区评价对话框见图7-5。

146

数字化船员人体模型	船首正前方到左、右两侧各10°范围视线被遮挡长度
	水平视域 ①导航、操纵与指挥工作站水平（225°）正横后视域： 　水平（225°）正横后视域（左舷）；水平（225°）正横后视域（右舷）。 ②监视工作站水平（202.5°）正横后视域： 　水平（202.5°）正横后视域（左舷）；水平（202.5°） 　正横后视域（右舷）
	正后方水平视域 ①正后方水平左侧视域； ②正后方水平右侧视域
	前窗下边缘视域 ①前窗下边缘不阻碍看向船头的视线； ②左舷10°至右舷112.5°前窗下边缘向海面视线不被遮挡； ③前窗下边缘距地面高度
	前窗上边缘视域 ①前窗上边缘视线与水平面夹角； ②前窗上边缘距地面高度
	正前方到左、右两侧10°盲区 ①正前方到左侧10°单个盲区； ②正前方到右侧10°单个盲区； ③正前方到左、右两侧10°盲区总和
	正横前方180°盲区 ①正横前方180°单个盲区； ②正横前方180°盲区总和
	正横后方左、右两侧22.5°盲区 ①正横后方左侧22.5°单个盲区； ②正横后方右侧22.5°单个盲区； ③正横后方左侧22.5°盲区总和； ④正横后方右侧22.5°盲区总和
	工作站所需225°视域内盲区 ①工作站所需225°视域内单个盲区； ②工作站所需225°视域内盲区总和
	任意两盲区间的可视范围
	正横后方左、右两侧22.5°起向前最小可视范围 ①正横后方左侧22.5°起向前最小可视范围； ②正横后方右侧22.5°起向前最小可视范围

⇩

驾驶室导航、操纵与指挥工作站视域和盲区评价结果

图 7-3 驾驶室导航、操纵与指挥工作站视域和盲区评价软件模块结构

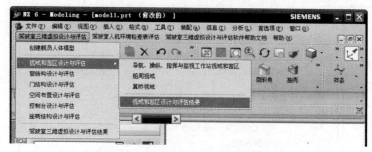

图 7 - 4　导航、操纵、指挥与监视工作站视域和盲区下拉菜单

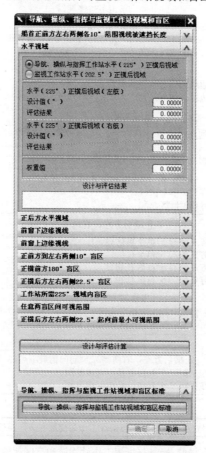

图 7 - 5　导航、操纵、指挥与监视工作站视域和盲区评价对话框

导航、操纵与指挥工作站视域和盲区评价模块中设计值与评价分数之间的关系见表5-3。

评价对话框中的算法采用5.3.1节提出的几何参数类指标评价算法。

7.3 驾驶室视域和盲区评价案例

本节以舰桥驾驶室视域和盲区的评价为例,对驾驶室的视域和盲区进行评价。

7.3.1 人体模型的尺寸和位置的选择

船员的身高影响视域和盲区的大小,要根据评价指标的内容进行合理选择。例如,评价驾驶室窗的上边缘视角时应选择第95百分位的男性船员,评价窗的下边缘是否阻碍看向船首点的视线时应选择第5百分位的女性船员等。

船员所在的位置也影响视域和盲区的大小。这里选择在驾驶室中轴线距前窗750mm的指挥位置进行视域和盲区的评价。着装时的鞋高修正值取30mm。待评价的驾驶室三维模型和船员人体模型的所在位置见图7-6。

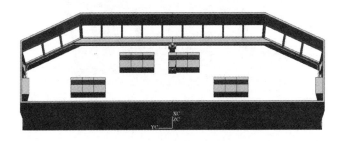

图7-6 驾驶室三维模型和船员人体模型的所在位置

指挥位置船员人体模型与驾驶室前窗的相对位置尺寸见图 7 – 7。

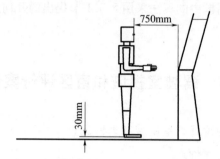

图 7 – 7　船员人体模型与驾驶室前窗的相对位置尺寸

7.3.2　驾驶室视域和盲区评价

以前窗上边缘视域、正横后方左右两侧 22.5°起向前最小可视范围、任意两盲区间的可视范围、指挥位置所需 225°视域内的盲区大小为例进行评价。根据上述选择的评价指标，这里应选择第 95 百分位男性船员人体模型。

1. 前窗上边缘视域

1）前窗上边缘视线与水平面夹角

前窗上边缘视线与水平面夹角测量图见图 7 – 8。

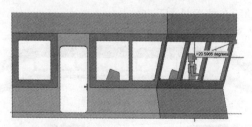

图 7 – 8　前窗上边缘视线与水平面夹角测量图

2）前窗上边缘距地面高度

前窗上边缘距地面高度测量图见图 7 – 9。

前窗上边缘视线评价对话框见图 7 – 10。

150

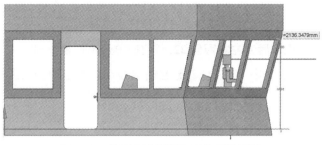

图7-9　前窗上边缘距地面高度测量图

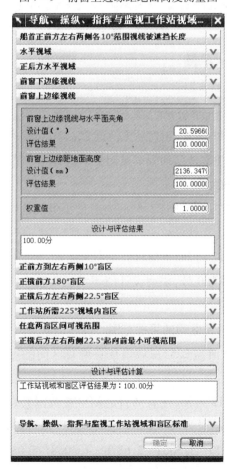

图7-10　前窗上边缘视线评价对话框

由图 7 - 10 可知,前窗上边缘视线评价结果为 100 分,这说明设计值满足驾驶室视域和盲区设计标准要求。

2. 正横后方左右两侧 22.5°起向前最小可视范围

正横后方左右两侧 22.5°起向前最小可视范围测量图见图 7 - 11。

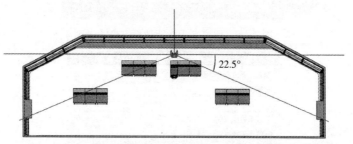

图 7 - 11　正横后方左右两侧 22.5°起向前最小可视范围测量图

由图 7 - 11 可知,正横后方两侧 22.5°正好是驾驶室两侧的门框,看向驾驶室外部的视线被阻挡。因此,自 22.5°起向前的最小可视范围为 0°。

正横后方左右两侧 22.5°起向前最小可视范围评价对话框见图 7 - 12。

由图 7 - 12 可知,正横后方左右两侧 22.5°起向前最小可视范围评价结果为 0 分,说明设计值不满足驾驶室视域和盲区设计标准要求。

3. 任意两盲区间的可视范围

指挥位置所需 225°视域内任意两盲区间的可视范围测量图见图 7 - 13。

由图 7 - 13 可知,任意两盲区间可视范围共有 19 个,从中心窗口向左分别为:60. 6839°、24. 3042°、6. 7996°、2. 6297°、1. 2162°、5. 4540°、3. 3062°、2. 6878°、4. 4068°、5. 0512°。右侧与左侧对称,分别为:24. 3042°、6. 7996°、2. 6297°、1. 2162°、

5.4540°、3.3062°、2.6878°、4.4068°、5.0512°。

图7-12 正横后22.5°向前最小可视范围评价对话框

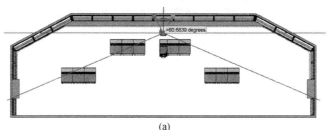

(a)

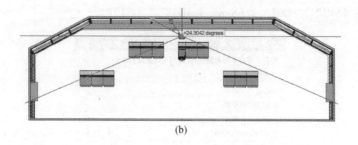

(b)

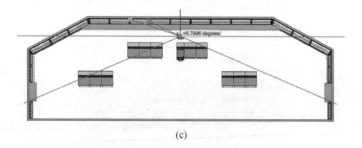

(c)

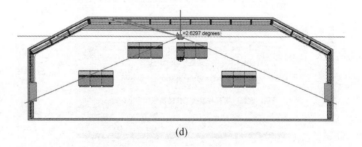

(d)

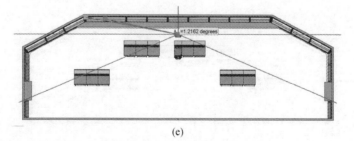

(e)

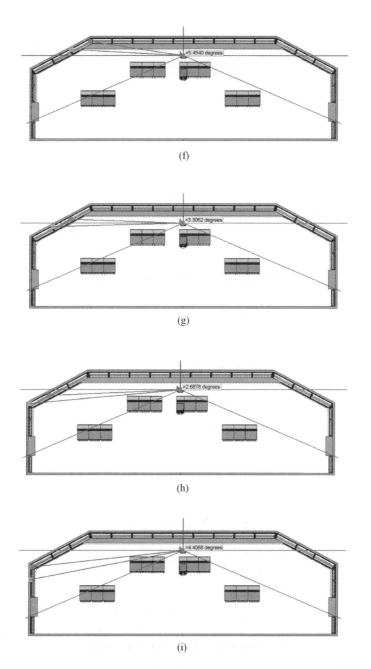

(f)

(g)

(h)

(i)

155

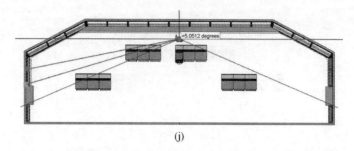

(j)

图 7－13　指挥位置所需 225°视域内任意两盲区间的可视范围测量图

　　任意两盲区间的可视范围要求大于 5°,因此评价时可直接检查最小值是否满足要求即可。任意两盲区间的可视范围评价对话框见图 7－14。

图 7－14　任意两盲区间的可视范围评价对话框

由图 7 - 14 可知,任意两盲区间的可视范围评价结果为 0 分,说明设计值不满足驾驶室视域和盲区设计标准要求。

4. 指挥位置所需 225°视域内盲区

1)指挥位置所需 225°视域内单个盲区

指挥位置所需 225°视域内单个盲区共有 20 个,且盲区呈左右对称分布,故可仅测量左侧即可(见图 7 - 15)。

单个盲区左右对称,从中心到左右两侧的单个盲区视角分别为:6. 9097°、3. 8025°、2. 3161°、1. 6283°、1. 5782°、1. 1609°、0. 9849°、0. 8517°、0. 6547°、6. 4157°。

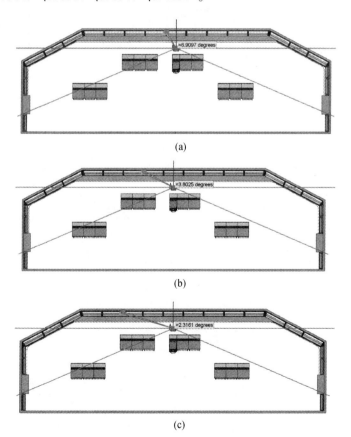

(a)

(b)

(c)

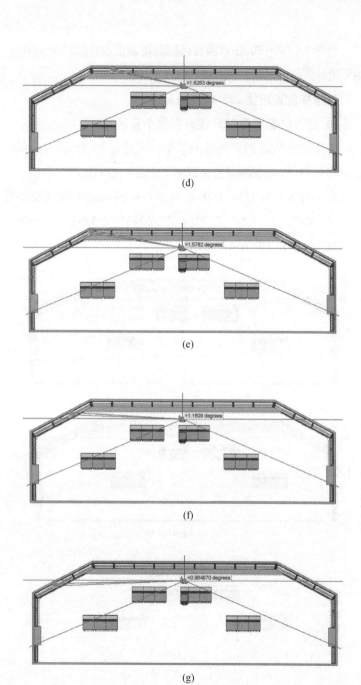

(d)

(e)

(f)

(g)

158

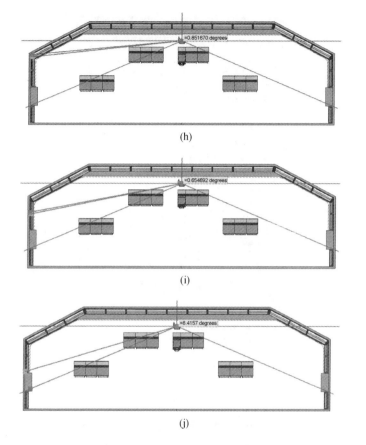

图 7 - 15　指挥位置所需 225°范围视域内单个盲区

2）指挥位置所需 225°视域内盲区总和

指挥位置所需 225°视域范围内的单个盲区总和为 2 × (6.9097° + 3.8025° + 2.3161° + 1.6283° + 1.5782° + 1.1609° + 0.9849° + 0.8517° + 0.6547° + 6.4157°) = 52.6054°。

指挥位置所需 225°视域内单个盲区要求小于 10°，故评价时应选择一个最大的盲区。指挥位置所需 225°视域内盲区评价对话框见图 7 - 16。

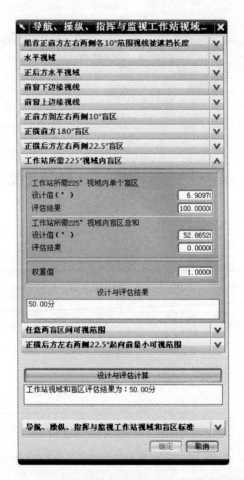

图 7 – 16　指挥位置所需 225°视域内盲区评价对话框

由图 7 – 16 可知,指挥位置所需 225°范围视域内单个盲区评价结果为 100 分,满足设计标准要求。盲区总和评价结果为 0 分,不满足设计标准要求。指挥位置所需 225°视域内盲区总的评价结果为 50 分。

完成上述驾驶室视域和盲区的视角评价后,还应对驾驶室视域和盲区进行检查表评价。驾驶室视域和盲区检查表评价内容可见表 5 - 6。

5. 指挥位置视域和盲区评价结果分析

根据前述评价整理出的驾驶室指挥位置视域和盲区评价结果见表 7 - 1。

表 7 - 1 指挥位置视域和盲区评价结果

评价指标	测量值	标准值	满足标准
前窗上边缘视线与水平面夹角	20.5966°(95%男)	≥10°	√
前窗上边缘距地面高度	2136.3479 mm	≥2000mm	√
正横后方两侧22.5°起向前最小可视范围	0°	≥5°	×
任意两盲区间可视范围	60.6839°、24.3042°、6.7996°、2.6297°、1.2162°、5.4540°、3.3062°、2.6878°、4.4068°、5.0512°、24.3042°、6.7996°、2.6297°、1.2162°、5.4540°、3.3062°、2.6878°、4.4068°、5.0512°	≥5°	×
指挥位置所需225°视域内单个盲区	6.9097°、3.8025°、2.3161°、1.6283°、1.5782°、1.1609°、0.9849°、0.8517°、0.6547°、6.4157°、6.9097°、3.8025°、2.3161°、1.6283°、1.5782°、1.1609°、0.9849°、0.8517°、0.6547°、6.4157°	≤10°	√
指挥位置所需225°视域内盲区总和	52.6054°	≤30°	×

由表 7 - 1 可知,表中所列的六项指挥位置视域和盲区评价指标中有三项满足标准要求,三项不满足标准要求。工程中应结合舰桥驾驶室结构设计进行改进,使驾驶室视域和盲区的角度尽可能满足设计标准要求。

第8章 舰船驾驶室布置设计仿真评价

船员在驾驶室中的作业活动是动态的,船员身体的姿态也随作业活动而变化。通过仿真船员人体模型的运动,可获得船员完成某项任务所移动的距离和转动的角度等统计数据。该方法可用于评价驾驶室布置方案的优劣,也可以通过人体模型与物体间的碰撞检测来评价作业空间的合理性。

8.1 仿真评价技术方法

8.1.1 仿真评价软件环境

采用 Visual Basic 6.0,在 DELMIA 软件平台下,使用 Automation 方法进行船员人体模型的二次开发。Automation 开发方法基于 Component Object Model 技术,其核心是采用已开发的应用程序操作 DELMIA,运用对象方法和属性来处理 DELMIA 数据。

8.1.2 仿真评价技术方案

驾驶室布置仿真评价技术方案见图 8 – 1。该方案主要由两部分组成:①船员人体模型建模和运动仿真;②人体模型运动轨迹追踪与统计。船员人体模型建模和运动仿真可用于评价人与人之间,人与设备之间作业空间的合理性。人体模型运动轨

162

迹追踪与统计可用于评价驾驶室不同布置方案的优劣。

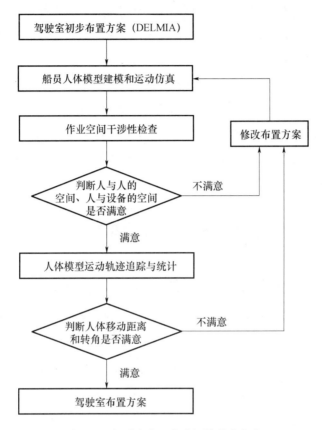

图 8 - 1 驾驶室布置仿真评价技术方案

　　驾驶室布置仿真评价工作在 DELMIA 软件平台上完成。因此,应将以不同方式建立的驾驶室布置方案导入到 DELMIA 环境。例如,可将 UG 建立的驾驶室三维模型转换成为 CATIA 的"∗.CATPart"格式文件,再将"∗.CATPart"格式文件导入 DELMIA 环境。"∗.CATPart"格式文件导入 DELMIA 后,模型结构尺寸和装配位置关系保持不变。

　　作业空间干涉性检查采用船员人体模型运动仿真与碰撞检

测技术相结合的方法。若船员人体模型与人体模型,或与设备之间发生干涉,则碰撞检测会给出相应提示,此时需要修改驾驶室布置方案。此功能用于评价船员与船员、船员与设备之间的作业空间是否充足。

船员人体模型的运动轨迹追踪与统计是通过运动仿真和运动轨迹参数计算实现的。运动轨迹参数可以根据需要设定,如手的移动距离、人体重心移动距离和腰部转动的角度等。若统计数据不满足设计要求,则需要修改布置方案,满意则得到所需的驾驶室布置方案。

8.2 船员人体模型建模

8.2.1 人体模型参数计算

DELMIA 提供了图形化的虚拟人体模型创建模块,但其数据库仅提供了美国、加拿大、法国、日本及韩国人的人体数据。由于不同国家、民族之间的人体尺寸存在差异,采用外国人体模型对我国舰船驾驶室布置进行评价无法得到合理、准确的评价结果。

为了能够利用 DELMIA 软件完成中国船员的运动仿真,必须创建 DELMIA 中国人虚拟人体模型,以便用于检查人与人或人与设备是否干涉。根据 DELMIA 虚拟人体模型创建的需要,本书以《中国成年人人体尺寸》《工作空间人体尺寸》《成年人手部号型》及《成年人头面部尺寸》标准为基础,归纳了身高、体重、站姿肩高、坐姿肩高、臀围、坐深、胸宽、胸围、胸厚、立姿臀宽、坐姿臀宽、前臂长、腰围、头最大宽、头最大长、头全高、足长、足宽、手长、手宽等 38 项中国成年人人体尺寸数据,计算了该

38 项人体尺寸的均值和标准差。其中,中国成年人男性和女性体重的均值分别为 59kg 和 52kg,标准差分别为 6.44kg 和 5.58kg。归纳和计算的其余 37 项中国成年人人体尺寸均值和标准差见表8 -1。

表8 -1 中国成年人人体尺寸均值和标准差

人体尺寸项目	性别	均值/mm	标准差/mm
(1)身高①	男	1678	57.9
	女	1570	52.0
(2)站姿肩高①	男	1367	52.9
	女	1271	45.1
(3)坐姿肩高①	男	598	25.3
	女	556	22.3
(4)上臂长①	男	313	14.6
	女	284	13.7
(5)肩宽①	男	375	19.3
	女	351	20.2
(6)最大肩宽①	男	431	20.6
	女	397	21.5
(7)臀围①	男	875	40.8
	女	900	45.1
(8)臀膝距①	男	554	23.6
	女	529	20.6
(9)坐深①	男	457	21.5
	女	433	19.3
(10)胸宽①	男	280	16.3
	女	260	17.6

人体尺寸项目	性别	均值/mm	标准差/mm
(11)胸围①	男	867	45.1
	女	825	46.4
(12)胸厚①	男	212	19.7
	女	199	17.2
(13)会阴高①	男	790	38.2
	女	732	36.1
(14)坐姿眼高①	男	798	29.6
	女	739	26.2
(15)立姿臀宽①	男	306	14.2
	女	317	18.0
(16)坐姿臀宽①	男	321	15.9
	女	344	21.0
(17)坐姿膝高①	男	493	22.3
	女	458	20.6
(18)前臂长①	男	237	13.3
	女	217	12.0
(19)坐高①	男	908	30.9
	女	855	28.3
(20)两臂展开宽②	男	1691	67.2
	女	1559	62.3
(21)腰围①	男	735	49.4
	女	772	64.4
(22)足长①	男	247	10.3
	女	229	9.03
(23)足宽①	男	96	4.30
	女	88	4.30
(24)手长③	男	183	8.00
	女	171	7.60

人体尺寸项目	性别	均值/mm	标准差/mm
(25) 手宽③	男	82	3.90
	女	76	3.70
(26) 头最大宽④	男	154	5.86
	女	149	5.30
(27) 头最大长④	男	184	6.77
	女	176	6.59
(28) 头全高④	男	223	10.68
	女	216	9.77
(29) 前臂加手前伸长②	男	447	19.2
	女	413	19.3
(30) 瞳孔间距④	男	60	1.30
	女	58	2.14
(31) 两下颌角间宽④	男	116	3.08
	女	113	2.85
(32) 两耳屏间宽④	男	140	3.99
	女	140	3.75
(33) 面宽④	男	143	3.90
	女	136	3.71
(34) 头顶点至眉间点距④	男	90	7.00
	女	93	8.14
(35) 鼻尖点至枕后点距④	男	219	6.29
	女	201	4.61
(36) 头顶点至鼻尖点距④	男	143	8.11
	女	142	9.61
(37) 耳屏点至枕后点距④	男	102	4.92
	女	103	3.44

① 数据源于 GB 10000—88 中国成年人人体尺寸；

② 数据源于 GB/T 13547—92 工作空间人体尺寸；

③ 数据源于 GB/T 16252—1996 成年人手部号型；

④ 数据源于 GB/T 2428—1998 成年人头面部尺寸

将表 8-1 的数据嵌入到 DELMIA 虚拟人体模型中,即可创建符合中国成年人人体尺寸标准的虚拟人体模型。

8.2.2　创建船员人体模型

调用 DELMIA 人体模型创建模块,选择中国成年人人体模型数据库,创建中国成年人人体模型。该模块可创建第 1 至第 99 百分位男性或女性人体模型。采用 DELMIA 虚拟人体模型模块创建的第 5、50 和 95 三种百分位的男性船员人体模型见图 8-2。

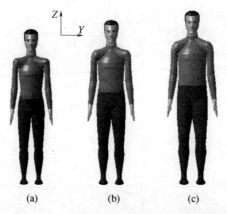

图 8-2　三种百分位男性船员人体模型

(a)第 5 百分位;(b)第 50 百分位;(c)第 95 百分位。

8.3　船员运动仿真与作业空间评价

8.3.1　船员运动仿真流程

创建驾驶室船员人体模型运动仿真的流程见图8-3。

图 8-3 中的船员运动仿真(Human Task Simulation)模块具

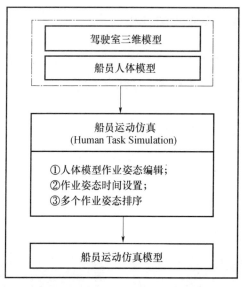

图8-3 驾驶室船员运动仿真流程

有人体模型作业姿态编辑能力,如人体模型按路径行走、抓取、放置、头部转动、攀爬、身体弯曲和身体转动等,而且可以设置每一个动作持续时间的长短。

设置好人体模型多个动作姿态后,按照先后次序对动作进行排序,然后采用帧融合技术将动作姿态连接起来,模拟出连贯的船员人体模型运动。采用该方法创建的船员行走与操舵运动仿真模型见图8-4。

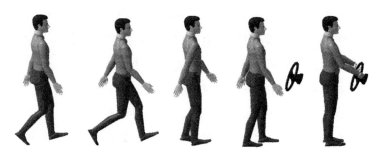

图8-4 船员行走与操舵运动仿真模型

8.3.2　船员作业空间评价

DELMIA 提供了碰撞检测功能,可通过船员在运动中与人或与设备的碰撞检测,对船员的作业空间合理性进行评价。

ISO8468 中规定,前窗至控制台之间的通道宽不得小于 800mm,较适宜的宽度应大于或等于 1000mm。评价通道的可通过性时应选择大身材的船员。图 8 – 5(a) 和图 8 – 5(b) 分别为第 95 百分位和第 50 百分位船员在 1000mm 宽通道中相向行走时的运动碰撞检测。

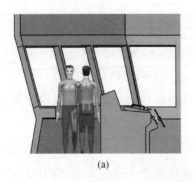 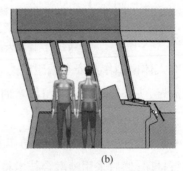

(a) (b)

图 8 – 5　船员在通道中的运动碰撞检测

(a) 第 95 百分位;(b) 第 50 百分位。

由图 8 – 5 的仿真结果可知,第 50 百分位船员并排相向行走时能正常通过,但是第 95 百分位船员并排相向行走时手臂会产生干涉。该案例说明,在满足船舶设计标准的前提下,对大身材的船员来说,1000mm 的通道宽度仍有些狭窄。

对于船舶设计标准中未给出推荐参数的作业空间,也可以通过人体模型运动仿真进行估算和评价。船员在控制台座椅就座时所需的控制台与座椅之间的作业空间见图 8 – 6。

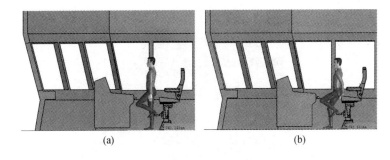

(a)   (b)

图 8-6　船员就座时所需的作业空间

（a）抬腿动作空间；（b）就座动作空间。

由图 8-6 的仿真结果可知,若进入座位时不发生干涉现象,座椅与控制台间的间距约为 740mm。

8.3.3　船员触及域和视域评价

船员运动仿真还可用于触及域和视域的仿真评价。驾驶室控制台操纵器布置范围仿真评价见图 8-7。船员在驾驶室前窗瞭望位置时的船首可见性仿真评价见图 8-8。

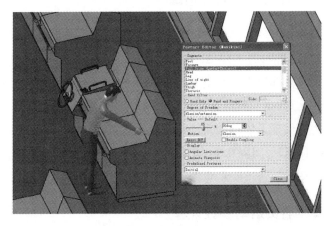

图 8-7　驾驶室控制台操纵器布置范围仿真评价

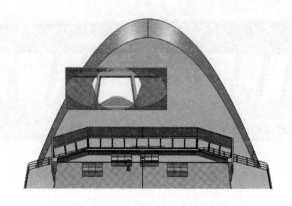

图 8 - 8   船员在驾驶室前窗瞭望位置时船首可见性仿真评价

由图 8 - 7 可知,当人体模型前倾 30°时可触及到控制台上的所有设备。由图 8 - 8 可知,船员在驾驶室前窗瞭望位置时可以看见船首。

8.4   船员运动参数计算与驾驶室布置评价

8.4.1   船员运动轨迹追踪

以驾驶室三维模型的坐标系为基准坐标系,按时间进程,以 Δt 为时间间隔,每间隔 Δt 时间就捕捉一次船员人体模型运动过程中身体部位坐标相对基准坐标系的位置(x_t, y_t, z_t)及角度(u_t, v_t, w_t)数据。船员运动轨迹追踪原理图见图 8 -9。

为了保证人体运动轨迹与真实运动轨迹相符,取时间间隔 $\Delta t = 0.1s$,即每间隔 0.1s 捕捉一次人体模型坐标数据。船员身体重心运动轨迹追踪示意图见图8 - 10。

8.4.2   船员运动参数计算

船员运动参数指标可以根据需要确定。例如,身体重心移

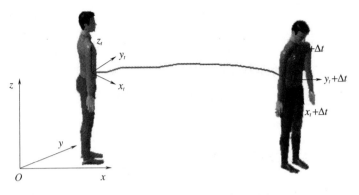

图 8 – 9　船员运动轨迹追踪原理图

图 8 – 10　船员身体重心运动轨迹追踪示意图

动距离和身体转动角度等。

船员人体模型身体部位移动距离计算公式为

$$D = \sum_{t=0}^{T} \sqrt{(x_{t+\Delta t} - x_t)^2 + (y_{t+\Delta t} - y_t)^2 + (z_{t+\Delta t} - z_t)^2}$$

$$(8 – 1)$$

人体模型身体绕垂直轴（z 轴）转动角度的计算公式为

173

$$W_z = \sum_{t=0}^{T} | w_{t+\Delta t} - w | \qquad (8-2)$$

式(8-1)和式(8-2)中:T 为完成某项任务需要的总时间;Δt 为轨迹追踪的时间间隔。

上述指标表示船员在驾驶室中身体的移动或转动情况。计算数据可用于比较不同驾驶室布置方案的优劣。

8.4.3 驾驶室布置评价

为便于应用船员运动参数对驾驶室布置方案进行评价,可编写船员运动参数计算程序。首先,在 DELMIA 环境选择需要计算运动参数的船员人体模型肢体部位。例如,计算身体重心运动参数,则应在船员人体模型中选择身体重心部位。其次,进行船员运动仿真,追踪船员身体重心运动轨迹,输出身体重心运动轨迹参数文件。然后,运行船员运动参数计算程序用户界面,船员运动参数计算用户界面见图 8-11。其过程为:①选择并打开 DELMIA 输出的 Txt 格式或 Excel 格式的身体重心运动轨迹参数文件;②选择需要计算的运动参数,例如身体重心的移动距离、运动时间及腰部转动角度;③计算运动参数,并输出运动参数计算结果到数据库。船员运动参数计算结果用户界面见图8-12。

为说明船员运动参数在驾驶室布置评价中的应用,图8-13给出了两种简单的驾驶室布置方案。图 8-13(a)中的两组控制台间留有通向前窗的通道,而图 8-13(b)中的两组控制台间没有通道。现采用开发的船员运动参数计算软件对船员到达前窗位置时的身体运动参数进行计算,比较两种布置方案船员到达前窗的运动量。

采用船员运动参数计算程序对驾驶室两种布置方案进行评

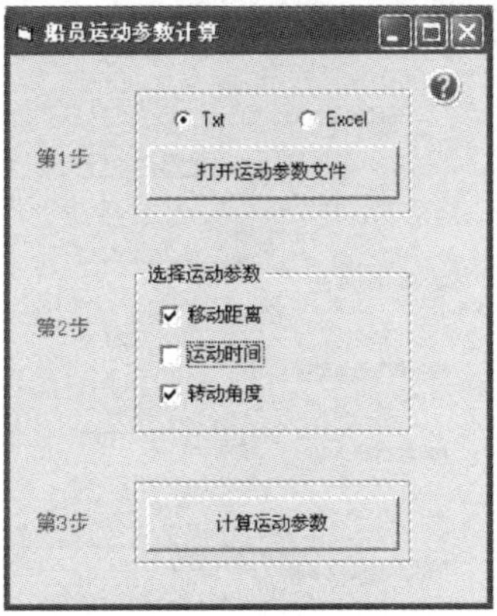

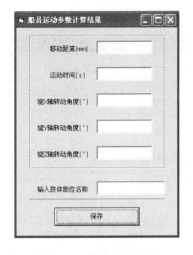

图 8 – 11　船员运动参数
计算用户界面

图 8 – 12　船员运动参数
计算结果用户界面

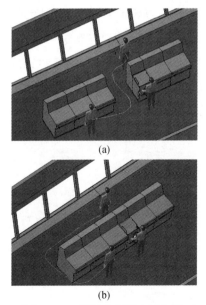

(a)

(b)

图 8 – 13　驾驶室两种布置方案

（a）控制台间有通道；（b）控制台间无通道。

175

价的结果见图 8 - 14。

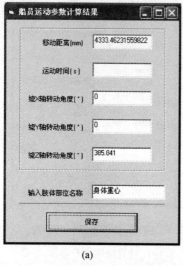 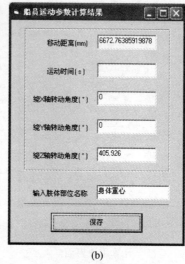

(a)   (b)

图 8 - 14   驾驶室两种布置方案计算结果

(a) 控制台间有通道; (b) 控制台间无通道。

由图 8 - 14 的计算结果可知, 方案(a)完成驾驶室任务船员所需行走的距离和身体转动的角度都小于方案(b), 因此方案(a)的布置优于方案(b)的布置。

参 考 文 献

［1］ 龙升照.人—机—环境系统工程研究进展［M］.北京:海洋出版社,2003.

［2］ 刘伟,袁修干.人机交互设计与评价［M］.北京:科学出版社,2008.

［3］ 马江彬.人机工程学及其应用［M］.北京:机械工业出版社,1993.

［4］ GB/T 14775—93,操纵器一般人类工效学要求［S］.北京:中国标准出版社,1994.

［5］ GB/T 14776—93,人类工效学工作岗位尺寸设计原则及其数值［S］.北京:中国标准出版社,1994.

［6］ GB 10000—88,中国成年人人体尺寸［S］.北京:中国标准出版社,1989.

［7］ NUREG–0700 REV.2,Human-System Interface Design Review Guidelines［S］. Washington:Nuclear Regulatory Commission,2002.

［8］ Benjamin Niebel, Andris Freivalds. Methods, Standards, and Work Design［M］, thed.北京:清华大学出版社,2003.

［9］ 威肯斯 CD,霍兰兹 JG.工程心理学与人的作业［M］.上海:华东师范大学出版社,2003.

［10］ Mark S. Sanders and Ernest J. Mc Cormick. Human Factors in Engineering and Design［M］,7thed.北京:清华大学出版社,2002.

［11］ 丁玉兰.人机工程学［M］.北京:北京理工大学出版社,2005.

［12］ Samuel Charlton G, Thomas O′ Brien G. Handbook of Human Factors Testing and Evaluation［M］. New Jersey:Publisher Mahwah,2002.

［13］ Lewis J. Power Switches:Some User Expectations and Preference. Proceedings of Human Factors Society,30th Annual Meeting［C］. Santa Monica,CA:Human Factor Society,1986:895–899.

［14］ Dutarte D, Martensson L. Keeping-in-Touch with The Environment:An Approach to Ship and Aircraft Control［J］. Design and Evaluation of Human Machine

System. Kassel, Germany,2001:211 –216.

[15] Hawkins F N. Human Factors in Flight[M].2nd ed. Hants:Avebury Aviation,1995.

[16] Yan Shengyuan,Zhang Zhijian,Peng Minjun,et al. A Subjective Evaluation Method for Human-computer Interaction Interface Design Based on Grey Theory. International Conference on Computational Intelligence for Modelling,Control and Automation [C],2006.

[17] Yan Shengyuan,Zhang Zhijian,Peng Minjun,et al. A Comprehensive Evaluation Method of Human Machine Interface for Indicator-meters Based on Gray Theory. 14th International Conference on Nuclear Engineering [C],2006.

[18] Yan Shengyuan,Xu Yuqing,Yang Ming,et al. A Subjective Evaluation Study on Human Machine Interface of Marine Meter Based on RBF Network[J]. Harbin Gongcheng Daxue Xuebao,2006,27(2): 560 –567.

[19] 阿尔文蒂利 R.人体工程学图解—设计中的人体因素[M].北京:中国建筑工业出版社,1998.

[20] GB/T 20527—2006,多媒体用户界面的软件人类工效学[S].北京:中国标准出版社,2007.

[21] ISO 9241—12,Ergonomic Requirements for Office Work with Visual Display Terminals (VDTs)[S] —Part 12:Presentation of information,1998,2:22 –23.

[22] Hamouda M E,Mourant R. Vehicle Fingertip Reach Controls-Human Factors Recommendations[J]. Ergonomics,1981(12):66 –70.

[23] Nielsen,Jakob,Landauer,et al. A Mathematical Model of the Finding of Usability Problem. Proceedings of ACM INTERCHI'93 Conference [C]. Amsterdam,The Netherlands, 1993:206 –213.

[24] Yan Shengyuan,Zhang Zhijian,Peng Minjun,et al. Usability Evaluation Research on Operation and Monitoring Interface of Main Control Room. 16th International Conference on Nuclear Engineering[C],2008,05.

[25] Yan Shengyuan,Zhang Zhijian,Peng Minjun,et al. A Computer-Assisted Human Machine Interface Evaluation System Based on Unigraphics. Enlarged Halden Programme Group Meeting[C],2008,05.

[26] 颜声远,于晓洋,张志俭.多仪表综合显示系统人机界面的虚拟评价研究[J].系统仿真学报,2007,19(12):2720 –2722.

[27] 颜声远,于晓洋,张志俭. 基于 RBF 网络的虚拟仪表人机界面评价方法[J].
系统仿真学报,2007,19(24):5731-5735.

[28] 毛恩荣,张红,宋正河. 车辆人机工程学[M]. 北京:北京理工大学出版
社,2007.

[29] 朱祖祥. 工业心理学大辞典[M]. 杭州:浙江教育出版社,2004.

[30] Julius Panero and Martin Zelnik. 人体尺度与室内空间[M]. 龚锦,译. 天津:天
津科学技术出版社,1999.

[31] 董正卫,田立中,付宜利. UG/OPEN API 编程基础[M]. 北京:清华大学出版
社,2002.

[32] 杨玉峰,管仲富. 浅析人为因素在船舶交通事故中的重要性. 中国航海学会
海洋船舶驾驶专业委员会 2007 年船舶碰撞与应急处置学术研讨会论文集
[C],2007:278-282.

[33] MSC/Circ. 982. England:International Maritime Organization. Guidelines on Er-
gonomic Criteria for Bridge Equipment & Layout[S],2000.

[34] IACS Rec. 95. London:International Convention for the Safety of Life at Sea.
Recommendation for the Application of SOLAS Regulation V/15-Bridge Design,
Equipment Arrangement and Procedures[S],2007.

[35] ISO 8468—2007. Switzerland:International Organization for Standardization.
Ships and Marine Technology-Ship's Bridge Layout and Associated Equipment-Re-
quirements and guidelines[S],2007.

[36] O'Hara JM,Brown WS,Lewis PM,et al. Persensky. Human-System Interface De-
sign Review Guidelines[S]. U. S. Nuclear Regulatory Commission. NUREG-
0700, Rev2.

[37] Toni Ivegrard, Brian Hunt. Handbook of Control Room Design and Ergonomics
[M]. Boca Raton :CRC Press,2009.

[38] Bonney M C, Williams R W. CAPABLE. A Computer Program to Layout Control
and Panels[J]. Ergonomics, 1977, 20(3):297-316.

[39] Cagan J, Shimada K, Yin S. A Survey of Computational Approaches to Three-di-
mensional Layout Problems [J]. Computer Aided Design, 2002, 34
(3):597-611.

[40] 宋正河,毛恩荣,周一鸣. 机械系统人机界面优化设计模型的研究[J]. 机械

设计与制造.2006,(2):35-37.

[41] Isaac J A, Douglas V T, Fernando T F, et al. The Use of a Simulator to Include Human Factors Issues in the Interface Design of a Nuclear Power Plant Control room[J]. Journal of Loss Prevention in the Process Industries, 2008, 21(3): 227-238.

[42] Bansai J C, Singh P K, Mukesh S, et al. Inertia Weight Strategies in Particle Swarm Optimization[J]. Proceedings of the 3rd World Congress on Nature and Biologically Inspired Computing. Salamanca, 2011. IEEE Computer Society,2011:633-640.

[43] Shengyuan Yan, Kun Yu, Zhijian Zhang, et al. Arrangement Optimization of Instruments Based on Genetic Algorithm[J]. Advanced Materials Research, 2010. (97-102):3622-3626.

[44] Yuqing Xu, Qingxin Meng, Zhi Yang. Particle Swarm Algorithm Applied in the Layout Optimization for Console. Proceedings-2nd IEEE International Conference on Advanced Computer Control[C], 2010(5):541-544.

[45] Yuqing Xu, Zhi Yang. Mathematic Model Research on Panel Layout[J]. Key Engineering Materials, 2011, 486: 41-44.

[46] 莫蓉.图表详解 UG NX 二次开发[M].北京:电子工业出版社,2008.

[47] 盛选禹,盛选军. DELMIA 人机工程模拟教程[M].北京:机械工业出版社,2009.

[48] Bonney MC, Williams RW, CAPABLE. A Computer Program to Layout Controls and Panels[J]. Ergonomics,1977,20(3):297-316.

[49] Jung ES, Chang SY. A CSP Technique-Based Interactive Control Panel Layout [J]. Ergonomics,1995,38(9):1884-1893.